人工智能与智能教育丛书 袁振国／主编

占小红 著

COMPLEX NETWORK TECHNOLOGY

复杂网络技术

教育科学出版社

·北京·

出 版 人　李　东
责任编辑　何　蕴
版式设计　私书坊　沈晓萌
责任校对　白　媛
责任印制　叶小峰

图书在版编目（CIP）数据

　复杂网络技术 / 占小红著. —北京：教育科学出
版社，2021.9
　（人工智能与智能教育丛书/ 袁振国主编）
　ISBN 978-7-5191-2672-8

　Ⅰ.①复… Ⅱ.①占… Ⅲ.①计算机网络　Ⅳ.
①TP393

中国版本图书馆CIP数据核字（2021）第184548号

人工智能与智能教育丛书
复杂网络技术
FUZA WANGLUO JISHU

出 版 发 行	教育科学出版社			
社　　　址	北京·朝阳区安慧北里安园甲9号	邮　　　编	100101	
总编室电话	010-64981290	编辑部电话	010-64989421	
出版部电话	010-64989487	市场部电话	010-64989009	
传　　　真	010-64891796	网　　　址	http://www.esph.com.cn	
经　　　销	各地新华书店			
制　　　作	北京思瑞博企业策划有限公司			
印　　　刷	天津市银博印刷集团有限公司			
开　　　本	720毫米×1020毫米　1/16	版　　　次	2021年9月第1版	
印　　　张	8.5	印　　　次	2021年9月第1次印刷	
字　　　数	69千	定　　　价	51.00元	

图书出现印装质量问题，本社负责调换。

丛书序言

人类已经进入智能时代。以互联网、大数据、云计算、区块链特别是人工智能为代表的新技术、新方法，正深刻改变着人类的生产方式、通信方式、交往方式和生活方式，也深刻改变着人类的教育方式、学习方式。

人类第三次教育大变革即将到来

3000 年前，学校诞生，这是人类第一次教育大变革。人类开启了有目的、有计划、有组织的文明传递历史进程，知识被有效地组织起来，文明进程大大提速。但能够接受学校教育的人数在很长时间里只占总人口数的几百分之一甚至几千分之一，古代学校教育是极为小众的精英教育。

300 年前，工业革命到来。工业化生产向每个进入社会生产过程的人提出了掌握现代科学知识的要求，也为提供这种知识的教育创造了条件，这导致以班级授课制为基础的现代教育制度诞生。这是人类第二次教育大变革。班级授课制极大地提高了教育效率，使得大规模、大众化教育得以实现。但是，这种教育也让人类付出了沉重的代价，人类教育从此走上了标准化、统一化、单一化道路，答案标准、节奏统一、内容单一，极大地限制了人的个性化和自由性发展。尽管几百年来人们进行了各种努力，力图通过学分制、选修制、弹性授课制等多种方式缓解和抵消标准化班级授课制带来的弊端，但总的说来只是杯水车薪，收效甚微。

今天，网络化、数字化特别是智能化，为实现大规模个性化教育提供了可能，为人类第三次教育大变革创造了条件。

人工智能助力实现教育个性化的关键是智适应学习技术，它通过构建揭示学科知识内在关系的知识图谱，测量和诊断学习者的已有水平，跟踪学习者的学习过程，收集和分析学习者的学习数据，形成个性化的学习画像，为学习者提供个性化的学习方案，推送最合适的学习资源和学习路径。在反复测量、推送、跟踪学习、反馈的过程中，把握学习者的最近发展区①，为每个人提供最适合的学习内容和学习方式，激发学习者的学习兴趣和学习热情，使学习者获得成就感、增强自信心。

智能教育将是未来十年人工智能发展的"风口"

人工智能正在加速发展。从人工智能概念的提出，到

---

① 最近发展区理论是由苏联教育家维果茨基（Lev Vygotsky）提出的儿童教育发展观。他认为学生的发展有两种水平：一种是学生的现有水平，指独立活动时所能达到的解决问题的水平；另一种是学生可能的发展水平，也就是通过教学所获得的潜力。两者之间的差异就是最近发展区。教学应着眼于学生的最近发展区，为学生提供带有难度的内容，调动学生的积极性，使其发挥潜能，超越最近发展区而达到下一发展阶段的水平。

人工智能的大规模运用，花费了 50 年的时间。而从深蓝（Deep Blue）到阿尔法狗（AlphaGo），再到阿尔法虎（AlphaFold），人工智能实现三步跨越只用了 22 年时间。

1997 年 5 月，IBM 的电脑深蓝在一场著名的人机对弈中首次击败了国际象棋大师加里·卡斯帕罗夫（Garry Kasparov），证明了人工智能在某些情况下有不弱于人脑的表现。深蓝的主要工作原理是用穷举法，列举所有可能的象棋走法，并利用为加速搜索过程专门设计的"象棋芯片"，采用并行搜索策略进一步加速，在搜索广度和速度上战胜了人类。

2016 年 3 月，谷歌机器人阿尔法狗第一次击败职业围棋高手李世石。阿尔法狗的主要工作原理是"深度学习"。深度学习（deep learning）是一种复杂的机器学习算法，它试图模仿人脑的神经网络建立一个类似的学习策略，进行多层的人工神经网络和网络参数的训练。上一层神经网络会把大量矩阵数字作为输入，通过非线性加权和激活函数运算，输出另一个数据集合，该集合作为下一层神经网络的输入，反复迭代构成一个"深度"的神经网络结构。深度学习本质上是通过大数据训练出来的智能，其最终目标是让机器能够像人一样具有分析学习能力，能够识别文字、图像和声音等数据。

2019 年谷歌的阿尔法虎可以仅根据基因"代码"来预测生成蛋白质 3D 形状。蛋白质是生命存在的基础，和细胞组成内容息息相关。蛋白质的功能取决于它的 3D 结构，通过把基因序列转化为氨基酸序列，绘制出蛋白质最终的形状，是科学家一直在研究和探讨的前沿科学问题。一旦研究得出结果，将帮助我们解开生命的奥秘。阿尔法虎的工作原理是使用数千个已知的蛋白质来训练一个深度神经网络，利用该神经网络来预测未知蛋白质结构的一些关键参数，如氨基酸对之间的距离、连接这些氨基酸的化学键及它们之间的角度等，从而发现蛋白质的 3D 结构。

深蓝是经典人工智能的一次巅峰表演，通过算法与硬件的最佳结合，将传统人工智能方法发挥到极致；阿尔法狗是新兴的深度学习技术最具成就的一次展示，是人工智能技术的一次质的飞跃；阿尔法虎则是新兴深度学习技术在应用上的一次突破，超乎想象地完成了人难以完成的蛋白质结构学习这个生命科学领域的前沿问题。从深蓝到阿尔法狗用了近 20 年时间，从阿尔法狗到阿尔法虎只用了 3 年时间。人工智能技术更新迭代的速度越来越快，人工智能应用场景也从棋类等高级智力游戏向生物医学等科学前沿转变，这将从方方面面影响甚至改变人类生活。随着人工智能从感知智能向认知智能发展，从数据驱动向知识与数据联合驱动跃进，人工智能的可信度、可解释性不断提高，应用的广度和深度无疑将会得到难以想象的拓展。

教育是人工智能应用的最重要和最激动人心的场景之一，正在成为人工智能的下一个"风口"。国家主席习近平向 2019 年在北京召开的国际人工智能与教育大会所致贺信中指出："中国高度重视人工智能对教育的深刻影响，积极推动人工智能和教育深度融合，促进教育变革创新，充分发挥人工智能优势，加快发展伴随每个人一生的教育、平等面向每个人的教育、适合每个人的教育、更加开放灵活的教育。"同年 10 月，中国共产党第十九届四中全会通过了《中共中央关于坚持和完善中国特色社会主义制度推进国家治理体系和治理能力现代化若干重大问题的决定》，明确提出在构建服务全民终身学习的教育体系中，应发挥网络教育和人工智能优势，创新教育和学习方式，加快发展面向每个人、适合每个人、更加开放灵活的教育体系。把握历史机遇，抢占人工智能高地，引领人类第三次教育变革，时不我待。

智能教育前景无限、任重道远

人工智能在教育场景的应用，与工业、金融、通信、交通等场景不同，与医疗、司法、娱乐等场景也有显著的不同，它作用的对象是人，是人的思想、感情、人格，因而不仅仅要提高效率、赋能教育，更要关注教育的特殊性，重塑教育。但到目前为止，人工智能在教育中的运用尚停留于教育的传统场景，是以技术为中心，是对现有教育效能的强化，对现有教育效率的提高。至于现有教育效能是否需要强化，现有教育效率是否需要提高，尚缺乏思考，更缺少技术应对。我把目前这种状态称为"人工智能＋教育"。而我们更需要的是基于促进人的发展的需要的智能教育，是以人的发展为中心，以遵循教育规律为旨归，它不仅赋能教育，更是重塑教育，是创设新的教育场景，促进教育的变革，促进人的自由的、自主的、有个性的发展，我把它称为"教育＋人工智能"。

智适应学习的研究和运用目前也尚处于知识教学的层面，与全面育人的理念和教育功能相差甚远。从知识学习拓展到能力养成、情感价值熏陶，是更大的目标和更大的挑战。研发 3D 智适应学习系统，即通过知识图谱、认知图谱、情感图谱的整体开发，实现知识、能力、情感态度教育的一体化，提供有温度的智能教育个性化学习服务。促进学习者快学、乐学、会学，促进学习者成长、成功、成才，是"教育＋人工智能"的出发点，也是华东师范大学上海智能教育研究院的追求目标。

培养智能素养，实现人机协同

人工智能不仅正进入各行各业，深刻改变所有行业的面貌，而且影响到我们每个人的生活；不仅为智能教育的发展创造了条件，也提出了提高教师运用智能教育技术改进教学方式的能力的要求，提出了提高全民智能素养的要求。关键的一点是学会人机协同。在智能时代，能否人机互动、人机协同，直接关系到一个人的工作效能，关系到学生学习、教师教学的效能和价值，也关系到每个人的生活能力和生活质量。对全体国民来说，提高智能素养，了解人工智能的基本原理、功能和产品使用，就如同工业革命到来以后，了解现代科学的知识一样，已成为每个公民的必备能力和基本素养。为此，我们组织编写了这套"人工智能与智能教育丛书"。

本丛书聚焦人工智能关键技术和方法，及其在教育场景应用的潜在机会与挑战，提出智能教育的未来发展路径。

为了编写这套丛书，我们组建了多学科交叉的研究团队，吸纳了计算机科学、软件工程、数据科学、心理科学、脑科学与教育科学学者共同参与和紧密结合，以人工智能关键技术为牵引，以教育场景应用为落脚点，力图系统解读人工智能关键技术的发展历史、理论基础、技术进展、伦理道德、运用场景等，分析在教育场景中的应用形式和价值。

本丛书定位于高水平科学普及，人人需看；秉持基础性、可靠性、生动性，从读者立场出发，理论联系实际，技术结合场景，力图通俗易懂、生动活泼，通过故事、案例的讲述，深入浅出、图文并茂地讲清原理、技术、应用和前景，希望人人爱看。

组织和参与这样一个跨越多学科的工程，对我们来说还是第一次尝试，由于经验和能力有限，从丛书整体策划到每一分册的写作，一定都存在许多不足甚至错误，诚恳希望读者、专家提出批评和改进建议。我们将不断更新迭代，使之不断完善。

华东师范大学上海智能教育研究院院长　袁振国
2021 年 5 月

目　录

1

一　网络及其发展

我们的生活已处于各种网络的包围之中，有些网络是如此隐秘以至于未被我们直接察觉。这些网络对我们的生活有怎样的意义？众多看似各异的网络之间是否存在共性？人们在何时认识到了这些网络的重要性并开始对它们进行探索？本章将以两个真实案例开启探索网络世界的旅程，并深入解释网络对我们生活产生的影响，展现复杂网络研究是如何被智慧的人们开启并一步步发展完善至今的。在此过程中，我们会解释生活中的一些令人疑惑的现象与问题，相信你会感觉与复杂网络更近一步。

网络让世界变得不同

生活中的网络

嚣张的网络横行者——梅丽莎（Melissa）

1999 年 3 月 26 日，你与往常一样登录邮箱，惊喜地发现收到了朋友的邮件，上面写着"这是给你的资料，不要让任何人看见"。当你点击邮件的那一刻，那么恭喜你，你中招了！你的电脑将关闭 Word 文档的宏病毒防护，使"宏""安全性"命令不可用，并设置安全性级别为最低，甚至出现屏幕异常、死机、瘫痪的情况。此外，当电脑感染病毒的那一刻，这个病毒还会自动向微软办公软件 Outlook 用户通信录的前 50 位好友发送相同的邮件，一旦收件人打开邮件，他们的电脑也随之感染病毒。网络病毒通过邮件快速传播到世界各地，包括微软、英特尔在内的全球 300 多家公司的电脑邮件系统纷纷中招崩溃，由于网络超载，他们被迫关闭邮件系统。据统计，该网络病毒造成约 8000 万美金的损失。

这个在 1999 年 3 月 26 日大规模爆发的病毒，叫作梅丽莎，堪称 20 世纪最嚣张的病毒。尽管这种病毒不会删除电脑系统文件，但它"一传十，十传百"式的电子邮件传播病毒的方式，引发了电子邮件服务器的堵塞，使电脑陷入瘫痪之中。梅丽莎甚至成了电子邮件感知恶意软件（email aware malware）的鼻祖，之后的安娜·库尔尼科娃（Anna Kournikova）病毒、蠕虫类脚本病毒都受到了梅丽莎的影响。此外，此病毒的作者史密斯（D. L. Smith）也被称为"整整一代脚本小子的黑暗灵感"。

从梅丽莎的严重破坏性以及最后造成的巨大财产损失，我们能感受到网络病毒的恐怖，其中更让我们感到好奇的是：为什么网络病毒传播得如此之快？我们又能采取什么措施来规避网络病毒的传播呢？

信息传播的强大助推者——互联网

2016年2月14日，《劲彪新闻》发布题为"江苏市民自称哈尔滨吃鱼被宰，相关部门成立调查组介入调查"的报道，称有人爆料某江苏市民在就餐时被宰万元的消息。截至2月16日10时，新浪微博中专门为该事件设立的讨论专题阅读量已达到1262万，此次事件的评论数达到几十万条，网络舆情在短时间内即呈现爆发状态。（董靖巍，2016）

你在不经意间是否也为信息加速传播助力：某天打开熟悉的网页，一条爆炸性的新闻映入眼帘，你随手将它转发给朋友，或者在社交网络发出一条动态表达态度。尽管新闻的主角与大多数人的距离很远甚至可能跨越国界，他（们）的名字或经历却仿佛在一夜之间，从数以万计或数以亿计的人口中说出，甚至还在进一步扩大着传播的范围。

几十年前这种现象并不常见，而现在发达的互联网使得我们对这些现象习以为常，每个人不经意的传播举动都可能对信息的扩散起到很大的作用。但是，比起浏览人数众多、可见度很高的平台，同样的新闻在新兴的社交媒体上或许掀不起大的波澜。这说明互联网上某些关键的中间点对信息的传播有很大的影响。这背后到底潜藏着什么样的规律？是什么原因使得一些信息传播如此之快？

潜伏在互联网中令人防不胜防的网络病毒令人恐惧，一夜间能引发数万人关注的事件原因也引起很多人的好奇。尽管是影响完全不同的事件，然而追根溯源，不论是电脑病毒还是社交信息，它们的快速传播是如此相似：以大面积覆盖的信息与人际网络为媒介，链接一经发布便有可能得到极大的点击量，如果再经过一些影响力很大的"信息枢纽"，一个小的行为极有可能在短时间内影响数百万人，引起爆炸性的效果。

网络绝不只存在于以上类似的案例中，实际上，我们早已生活在各种各样有形无形的复杂网络中：出行时换乘各条线路穿梭于交通网中到达目的地，看似遥远的传染病顺着无所不在的网络隐秘而悄然地到来；电网连接到不同的地区，生物体的存活依赖着不同细胞通过网络连接的复杂系统运行维持，社会个体也构成联系的网络，你和几位朋友组成的人际关系网涉及的范围可能超乎想象，我们和陌生人的距离也可能并不非常遥远。网络与现代人已密不可分，从探索疾病治疗的新方案到帮助企业获得更好的发展，甚至像语言等某些看起来非网络的东西也可以从网络的角度分析。例如，在教育方面，通过复杂网络探索更优的知识结构，对增强学生对知识的理解有重要的意义。因此，在当今世界，用网络的视角来看待事物是非常重要的。

复杂网络——看待事物、解决问题的新视角

如果把上述这些网络从外部看作一个整体，它们内部的各个元素以多样的方式连接，元素之间又产生着相互作用，很多事物内部的元素与连接也并非一成不变，它们处于动态变化中，事物内部的网络是非常复杂的。交通网络、生物网络、知识网络等内部结构非常复杂的网络都可以视为复杂网络。还有一些我们看不见、摸不着的逻辑性网络，如人际网络也属于复杂网络的范畴。

因此，我们的周围确实存在着许多复杂网络，更为重要的是，人们在观察和研究这些网络时，惊讶地发现表面上看起来各不相似的网络之间却有着惊人的相似之处。

例如，便捷的地铁网、公路网、铁路网、航空网让人们的出行变得越来越方便。搭乘上海—北京的高铁，只需要不到 5 小时即可到达目的地。乘坐飞机能让我们在不到一天的时间里到达大洋彼岸，欣赏纽约的风景。我们享受交通带来的便利，同时交通网络也面临着越来越大的"压力"。相信大家都有过这样的体验：明明着急赶往目的地，却在中途遇上了堵车，越着急堵车越严重，最后寸步难行。如果拥堵问题没有得到及时解决，就会越来越严重，逐渐向外扩散，造成其他地域甚至使得整个城市陷入困境。与交通网络类似，计算机网络也存在类似的"便利与拥堵"问题。当网络连接顺畅，我们能便捷地从一个网站连接到另一个网站。而一旦其中一个网站出现堵塞问题，电脑可能会出现打不开网页、服务器不通、找不到主机等问题，严重的话会引发其他网络的堵塞，引起全网的瘫痪。

复杂网络要研究的就是各种看上去各不相同的网络之间的共性和解决问题的方法。

例如，医学领域希望找到传染病传播途径，通过切断一些易感点的传播，来更好地解决疾病传播的问题。计算机网络领域希望及时找到病毒的传播途径，阻止网络病毒的大肆传播。电力领域希望找到有效防止电网部分节点的网络堵塞而造成城市大规模断电的方法。经济领域希望找到关键的区域并采取相应措施，防止部分区域的经济危机影响全世界其他区域的经济发展。社交领域希望能尽早找到谣言传播点切断谣言的传播。教育领域则可以研究关键节点间的最快连接途径，提升不同教育领域、知识间联系的紧密程度，促进教育网络、知识网络的完善。

这些领域都隐含着寻找关键点，通过切断传播路径或者寻找最佳路径的方式，找到解决问题的有效方法。复杂网络给我们提供了一种看待事物、解决问题的视角，让我们更好地解决不同系统面临的复杂问题。

复杂网络发展之路

网络的发展经历了从规则到随机再到复杂的历程。首先是以图论作为开端聚焦于规则网络的研究；随着网络规模的扩大，人们意识到许多网络不再是简单且规则的，便踏入了随机网络勾勒出的随机宇宙；后来人们逐步解开了一个又一个不断涌现的谜题，认识到了真实世界的复杂性，进入了复杂网络的研究阶段。人们对网络的探索从未停止。

网络的起源——图论

网络科学的发展足迹，最早可以追溯到图论和拓扑学等数学领域。图论，顾名思义，是以图形为研究对象的学问。图论中的图是由若干给定的点及连接两点的线所构成的图形，这种图形通常用来描述某些事物之间的某种特定关系，用点代表事物，用连接两点的线表示相应两个事物间具有这种关系。（李金华，2009）实际上，图论与复杂网络有着天然的联系，对于一个复杂网络，如果不考虑其动态特征，把每个网络节点视为一个点，把节点间的连接关系视为边，则复杂网络就是一个图。（段志生，2008）虽然图论思想是由柯尼希（D.König）于1936年在他的著作《有限图与无限图的理论》中才正式提出的，但早在1736年，著名数学家欧拉（L.Euler）的论著中已有关于图论的文字记载。第一个著名的图论问题是哥尼斯堡七桥问题，欧拉用简化图形解决了这个问题，给出了用图论解决问题的先例。

七桥问题：七座桥与一笔画

大家应该都玩过迷宫游戏，从起点到终点会有不同的路径，事实上，我们不需要亲自去走迷宫，而自然地能将这个问题简化成一个图形，在图形中去描绘不同的路径。事实上，人们并不是一开始就知道用图形来解决问题的。图论起源于哥尼斯堡七桥问题。哥尼斯堡是原东普鲁士的首府、今俄罗斯加里宁格勒市，普莱格尔河横贯其中。18世纪，这条河上建有 7 座桥，将河中间的两个岛和河岸连接起来（图 1-1）。当你来到 18 世纪初的哥尼斯堡，你可以看到当地的居民正从事一项非常有趣的消遣活动。人们闲暇时经常在普莱格尔河边散步，有人提出：一个步行者能不能每座桥都只走一遍，最后又回到原来的位置。这个看起来很简单却很有趣的问题吸引了大家，于是大家开始尝试各种各样的走法，都想成为能解出这个问题的最聪明的人，然而经过无数次的尝试，大家都无功而返。谁也没有想到，这是一个不可能解决的问题，连以博学著称的大学教授们也感到一筹莫展。七桥问题难住了哥尼斯堡的所有居民，哥尼斯堡城也因七桥问题而出了名。直到 1736 年，有人带着这个问题找到了当时的大数学家欧拉，欧拉经过一番思考，很快就得出了结论。欧拉并没有去哥尼斯堡亲自测试可能的路线，而是把这个问题抽象成"一笔画"问题。他想：两岸的陆地与河中的小岛，都是桥梁的连接点，它们的大小、形状均与问题本身无关。因此，不妨把它们看作 A、B、C、D 4 个点。7 座桥是 7 条必须经过的路线，它们的长短、曲直也与问题本身无关。因此，不妨任意画 7 条线来表示它们（图 1-2）。就这样，欧拉将七桥问题抽象成了一个图论问题。怎样不重复地通过 7 座桥，变成了怎样一笔画出一个几何图形的问题。进而他想，一个能够一笔画出的图形应该具有哪些性质呢？显然，能一笔画出的图形，一定只有一个起点和一个终点（这里要求起点和终点重合），中间经过的每一点总是连接一条进去的线和一条出来的线。这样，除了起点和终点外，每一点都只能有偶数条线与之相连。而且七桥问题要求起点和终点重合，那么能够一笔画出的图形中所有的点都必然有偶数条线与之相连。观察图1-2，我们可以发现，A、B、C、D 4 个点分别连有 5、3、3、3 条线，是不符合上述条件的，所以不能一笔画出这个图形，显然七桥问题的结论便是：不可能每座桥只走一遍而回到原来的位置。

七桥问题的解决过程是饶有趣味的，欧拉的研究开创了图论这一新的数学分支，人们开始用图形解决问题，这是第一代科学家对网络的开创性贡献。

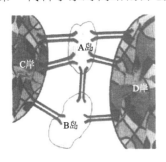

图 1-1　七桥问题示意图
（郭世泽，陆哲明，2012）[2]

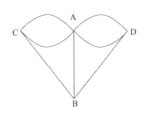

图 1-2　七桥问题简化图
（郜舒竹，2009）

第二个里程碑——随机网络

从 1736 年到 20 世纪 50 年代，图论研究主要通过人眼看图，然后进行分析并证明。这样的研究最多包括几百个节点，无法解决更加复杂的网络问题。20 世纪 50 年代后，随着现代计算机的发明，人们发现，利用现代技术方法可以研究更复杂的图。显然，这些网络不再是简单且规则的，那么它们是否可能用完全随机产生的图来描述？如果可以，如何分析求解这种随机图？这就是 20 世纪下半叶图论研究的主要问题。

随机宇宙：随机的链接

设想你在一个聚会上，你会与不同的客人交谈，这是人的天性使然。当聚会结束时，每个人交谈过的人数是不尽相同的。这个时候，我们以每个人为节点，把有交谈的两人用线连起来，可以绘制出一个网络图，图中任意两点进行连接是随机的，这与厄多斯（P. Erdös）和伦伊 (A. Rényi) 于 20 世纪 50 年代末和 60 年代建立的著名的随机图理论不谋而合。他们认为，创建网络最简单的方式是掷骰子：选择两个节点，如果掷出的是 6，就在节点之间放置一个链接。如果掷出的是其他数字，就不连接这两个节点，转而选择另一对节点重新开始，以此来构造一个随机网络。他们用相对简单的随机图来描述网络，简称 ER 随机图理论。网络的基本元素是节点和连线，他们在构造随机网络时采用概率 P 来决定两个节点之间是否连接。通过在网络节点间随机地连接，最终演化形成一个随机网络。实际上，厄多斯和伦伊还告诉我们：因为每个链接的放置是完全随机的，所以每个节点只需要一个链接就可以使它和整个网络保持连接。没有人能够认识地球上的所有人，但是，在人类社会网络中，任意两个人之间一定有一条路径。这意味着，要和网络中其他成员保持连接，每个人只需要认识一个人。

厄多斯和伦伊提出的随机网络是被人们研究最多的网络模型，在 ER 随机图中许多重要性质都是随着网络规模的增大突然涌现的，不再像最初的规则网络那样简单明了，这是网络科学发展的第二个里程碑。

真实的世界——复杂网络

随机网络在某些特定的情境中好像很符合我们真实社会的运转情形，但是随着网络的一些性质诸如弱连接、小世界、无标度的发现，人们逐渐认识到从真实世界抽象出的网络并不是规则的或是随机的，而是非常复杂的。在对网络的探索过程中，人们越来越接近真实网络的本质。

弱连接：优势巨大的联系

如果按照厄多斯和伦伊提出的随机图理论来推断，在人际关系网络中，因为节点之间的连接是完全随机的，那么你的两个好朋友互相认识的可能性，和你与国外某位总理互相认识的可能性是一样的。很明显，这不是真实社会的情况。真实的人际关系网其实是由许许多多小群体通过群体之间微弱的关系连接起来的复杂的关系网络（图1-3）。这种弱的连接关系由当时还是哈佛大学研究生的格兰诺维特（M. Granovetter）在 20 世纪 60 年代末提出。

找工作是每位学子迟早要面对的事情，格兰诺维特为了弄清楚人们是如何利用人际关系网络找到新工作的，去

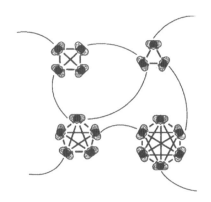

图 1-3 人际关系网路简图（巴拉巴西，2013）[63]

寻访了波士顿牛顿镇的居民。他调查了数十位工人，询问他们是在什么人的帮助下找到工作的，如是不是通过好朋友介绍。而他得到的回答大致相同，并不是好朋友介绍的，而是通过一些关系并不紧密的人（弱连接）找到的工作。研究发现，人们在找寻工作时，更多的是从那些很少见面甚至一年才可能见一次面的人那里获得职位的信息的。那些关系紧密（强连接）的朋友相对而言反倒没有发挥很大作用，甚至根本帮不上忙。

因为人们生活在各自的小群体中，小群体内部的人关系很紧密，他们所了解的工作信息相差无几，而突破自己的小群体与其他群体建立联系，会有可能获得更多的职位信息。格兰诺维特撰写了一篇标题为《弱连接的强度》(The Strength of Weak Ties）的论文，于 1969 年 8 月投给了《美国社会学评论》(American Sociological Review)，但没有被采用。直到 1973 年它才被认可，在《美国社会学期刊》(American Journal of Sociology）发表（Granovetter，1973）。现在它已被认为是现代社会学最有影响力的论文之一。

弱连接虽然不如强连接那样牢固，但是却有速度快、成本低、效能高的传播优势。弱连接优势的发现，使得复杂网络理论更加丰富。

小世界：你和关键人物之间隔了谁？

也许每个人都有这种熟悉的经历，当你与某个陌生人聊天后会发现，你们竟然同时认识另一个人。每当这种情况发生，你们都会不禁感叹："这个世界真小啊！"小世界实验最先由米尔格兰姆（S. Milgram）开展，实验得出了地球上任意两个人之间的平均距离只有 6 的结论，也就是说，我们与钟南山院士只需要通过 5 个人就可以建立起联系。随后研究者们又进行了各种各样有趣的小世界实验，诸如凯文·贝肯（Kevin Bacon）游戏、厄多斯数等。近几年来脸书（Facebook）所做的研究证明了人与人间的距离比我们想象中的更短。也就是说，尽管世界很大，人与人之间的平均距离却如此的近，这就是小世界实验所要告诉我们的。

小世界实验：米尔格兰姆实验

1929 年，匈牙利作家考林蒂（F. Karinthy）发表了一则名叫《链》的短篇故事，故事中认为随着人与人之间的关系越来越密切，我们所在的世界会变得越来越小。在这一背景下，该故事中一个角色向其他人发起了挑战，要求他们在地球上找到通过 5 个人都不能建立起关系的人。而这篇故事中的设想在 20 世纪 60 年代被哈佛大学社会心理学家米尔格兰姆所设计的连锁信件实验验证，该实验就是著名的米尔格兰姆小世界实验。

米尔格兰姆实验主要是以送信为实验来统计两个随机选择的人之间可能认识的概率。首先，他招募了一群居住在内布拉斯加州的奥马哈和堪萨斯州的威奇托这两座城市的志愿者，并告知他们最终要把信送到远在波士顿的一位股票经理人手中。如果这些志愿者不认识这位股票经理人，那就把信送到某个他认为最可能认识这位股票经理人的朋友手中。如果他的朋友也不认识，那就同样地将信送到下一个人的手中。通过这样一步步传送，最终信件就到达了那位股票经理人的手中。通过对实验中的传送链进行统计分析，志愿者和这位股票经理人的中间人平均只需要5个，也就是平均距离是6。这就是著名的"六度分离"推断。也就是说，平均只需要5个中间人我们就能与地球上任何地方的任何一个人建立起联系。举个例子，A和B是同宿舍的舍友，而C是B在工作中所认识的客户，C和D又是在读书期间认识的校友，通过这样一连串的社交关系，最终A就能与最后一个人发生联系。同样的，我们就可以通过5个人跟明星、我们的国家领导人联系起来。这是不是就证明了世界是如此之"小"呢？

由于米尔格兰姆实验中绝大部分的信件最终没有送到目标对象的手中，其中在某次实验送出的296封信中只有64封送到了收信人的手中，同时在实验中强调要将信送到认为最有可能认识目标对象的中间人手中这一特征导致该实验的可信度较低，但该实验对于后续的网络分析仍具有十分重要的贡献。（汪小帆，李翔，陈关荣，2006）[5-6]

凯文·贝肯游戏：演员的人际关系

可能我们都不知道凯文·贝肯是谁，但是我们所认识的电影演员都可以最终联系到他。为了验证"六度分离"推断的正确性，在1997年3位美国大学生发明了一个名叫"凯文·贝肯"的游戏。凯文·贝肯是一位演过许多电影的小演员，他们认为他是电影界的中心。如果一个电影演员同凯文·贝肯演过同一部电影，那么这个人的贝肯数就是1；如果一个电影演员同跟凯文·贝肯演过同一部电影的人演过电影，那么这个人的贝肯数就是2；以此类推。他们最终发现，在所有电影演员中最大的贝肯数仅为8，大部分演员的贝肯数都不超过4。随后美国的弗吉尼亚大学建立了该游戏的网站，可以查询某个演员的贝肯数。我们以我国新生代演员易烊千玺（Jackson Yee）为例，他与1958年的凯文·贝肯看起来毫无关联，但我们通过输入Jackson Yee就可以得到如图1-4所示的结果。易烊千玺在《少年的你》（*Better Days*）中与演员张耀（Zhang Yao）合作；张耀又在《黄金时代》（*The Golden Era*）中与汤唯（Tang Wei）合作；而汤唯在电影《骇客交锋》（*Blackhat*）中与维奥拉·戴维斯（Viola Davis）合作；维奥拉·戴维斯则在电影《超越边界》（*Beyond All Boundaries*）中与凯文·贝肯合作。这样易烊千玺的贝肯数为4。与"凯文·贝肯"游戏中计算电影演员的贝肯数相类似的，在数学界发生的是计算其他人的厄多斯数。同贝肯数一样，大部分数学家们的厄多斯数都非常小，甚至其他领域的专家的厄多斯数也非常小，比如爱因斯坦的厄多斯数仅仅为2。

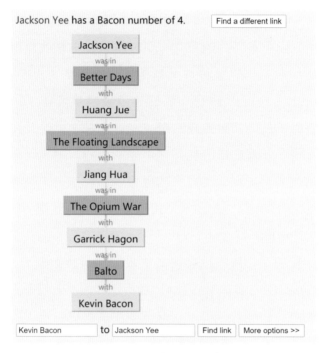

图 1-4　易烊千玺的贝肯数

资料来源：http://oracleofbacon.org/。

小世界模型：巧妙的网络构造方式

　　由于受到各种小世界实验研究的影响，并为了解释大多数真实网络中普遍存在的聚团现象（聚团现象不仅存在于社会网络中，而且存在于很多其他的网络比如神经元网络、电路网络中），沃茨（D.Watts）和斯托加茨（S.Strogatz）推广了米尔格兰姆小世界实验，再次检验了"六度分离"推断，建立了小世界网络模型，现被称为 WS 网络模型。该模型能够很好地将 ER 随机图理论与聚团现象、弱连接结合在一起。在小世界网络中，所有节点随机连接，存在聚团现象，并且节点之间的距离都比较小。

沃茨和斯托加茨于1998年发表了论文《"小世界"网络的集体动力学》(Collective Dynamics of 'Small-World' Networks)，这篇论文开创了复杂网络研究的新纪元。小世界模型给出了小世界网络这样巧妙的网络构造方式，能够解释各种不同类型复杂网络的"小世界"性质，并为复杂网络的研究开创了新思路。

无标度网络：打开网络科学新纪元

在流行病传播中，少部分人出于体质的原因成了超级传播者，容易使很多其他人感染，而大多数人只是普通的传播者。在贫富差异较大的地方，少量的富人占据了大部分的社会财富，大部分的穷人只占有少数的财富。这些人口感染和人口收入服从幂律分布的现象被称为网络的无标度特性。公认的无标度网络研究源自美国学者巴拉巴西（A-L.Barabási）的发现。

在"无标度网络"被提出之前，科学家们普遍认为复杂网络属于随机网络。但在1999年，巴拉巴西及其学生艾伯特（R. Albert）在研究万维网的过程中发现万维网并不是随机网络。他们在实验中发现，万维网中80%以上的页面其链接数都不到4个，而占比不到20%的少部分节点却有1000个以上的链接。随后他们对万维网外的其他网络进行了同样的研究，发现它们也具有相似的规律，进而提出了无标度网络模型，也就是BA模型。BA模型的建立打开了网络科学的新纪元。

脸书研究：或将"推翻""六度分离"推断

脸书和米兰大学合作，对"六度分离"推断进行了再验证，该研究是基于脸书自身的用户进行调查。在2011年的研究对象是脸书的7.2亿个用户，超过当时世界人口的10%，研究确定了世界上任何两个人之间平均只需要通过4.74个人就能建立起联系。而在2016年，脸书发表了一篇"推翻""六度分离"推断的文章。脸书对自己的15.9亿个用户进行调查后发现世界上任何两个人之间只要通过3.57个人就能建立起联系。从科学的角度看，脸书所研究的样本比米尔格兰姆实验大得多，可能更具有说服力，但由于调查对象都使用脸书软件这一点会使他们建立联系的可能性更大。其实，随着互联网的日益发展，人与人之间的联系越发密切，世界可能会越来越小，"地球村"也许会成为现实。

复杂网络中或许还有很多其他的性质值得我们去探索挖掘，这段研究历史有待我们与后人书写。

你或许已经感受到了网络在我们生活中的普遍性，初步体会到了复杂网络研究的趣味性与现实意义。从将真实事物抽象为图形开始，复杂网络理论在规则网络、随机网络等研究的基础上不断发展至今，许多真实网络体现出复杂网络的性质，如无标度特性等。因此，它已经成为我们研究世界的重要工具之一。接下来的章节会让你更深层次地了解复杂网络，以及相关理论技术是如何在教育和其他领域内展现出巨大的应用潜力的。

二　探秘复杂网络

也许你会好奇：为什么需要关注复杂网络？用复杂网络技术可以解决什么问题？应用复杂网络技术解决问题需要有怎样的知识储备？本章将带领你进入复杂网络的世界，你会了解到复杂网络的一些基本参数和典型特性。

认识复杂网络

复杂网络是什么

系统是由相互作用和相互依赖的若干组成部分结合而成的具有特定功能的有机整体（郭世泽，陆哲明，2012）[7]。系统是普遍存在的，譬如电力系统、教育系统、医疗系统、生态系统，甚至一个活细胞、人体、宇宙都可以看作系统。如果我们将系统内部的各个元素作为节点，将元素之间的关系视为连边，那么系统就变成了一个网络（刘涛，陈忠，陈晓荣，2005）。

现实生活中的网络大多是复杂的。首先，网络的结构非常复杂，节点间是通过何种方式连接的以及是如何相互作用的，非常模糊；其次，网络的结构随着时间的推移不断发生变化，网络的节点个数在不断地增加，节点之间的连接也不停地增加；最后，发生在网络上的动力学过程也非常复杂，每个节点自身可能也在不停地发生变化。这些问题都体现出了网络以及网络研究的复杂性，所以我们称其为复杂网络。钱学森给复杂网络下了一个定义：具有自组织、自相似、吸引子、小世界、无标度中部分或全部性质的网络称为复杂网络。我们将在后续内容中介绍复杂网络的部分性质。

为什么要用复杂网络视角看世界

复杂网络为我们看待世界提供了新的视角，为我们解决现实生活中复杂的问题提供了快速便捷的方法和策略。利用复杂网络可以简单高效地研究系统的各个组成部分及内部的相互作用、分析系统的性质、探索系统演变的过程以及预测这个系统的未来走向。

复杂网络强调内部各组成成分的相互作用，关注相互作用的结构和方式及其功能。例如，当你关注某个功能时，在该目标的驱使下，这个网络的结构到底应该发生什么适应性的转变才能形成一个较为良好的网络结构？通过对复杂网络的分析，我们可以做出相应调整来达成我们的目标的。复杂网络的研究为人们更深入地认识现实中的系统并对其进行控制和应用提供了思路。

<h2 style="text-align:center">某审计公司改组</h2>

某家审计公司的首席执行官（CEO）将公司的员工按照工种分别划归审计部门、互联网技术（IT）部门、秘书处。审计部门下有审计部部长 A、成员 B 和成员 C。IT 部门下有 IT 部部长 D、成员 E 和成员 F。秘书处有成员 G、成员 H、成员 I（图 2-1）。

图 2-1　改组前员工部门划分

之后 CEO 辞职，公司任命了一个新 CEO，为了提升公司的业绩，新 CEO 考虑到部门之间沟通的问题，将公司结构进行重组（图 2-2）。公司的员工被划分成两个队伍，每个队伍里面都有相应的审计人员、IT 人员和秘书人员，以此来解决在面临问题时部门间缺少沟通的问题。这样的分组方式在开始阶段问题不大，从理论上看也符合现代企业管理思想。

一段时间后，该公司突然出现了比较大的交易事故，为了挽救公司的业绩，该公司聘请了咨询人员对公司进行

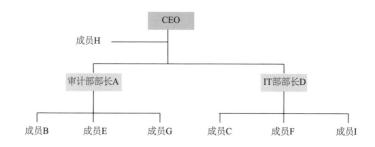

图 2-2 改组后员工部门划分

第二次改组。咨询人员做了一份调查问卷，让员工填写三个问题：工作上谁给你建议？你信任谁？在工作后你跟谁社交？根据成员的回答，形成了图 2-3。比较改组前后的两张图，可以发现，官方架构与非官方架构的差异非常大。成员 I 在非官方架构中的重要程度非常明显，比在官方架构中的重要程度高。成员 I 很像我们学生时代的一些人，他们虽然不是班长或班干部，但可能在班级里能起到一呼百应的效果。从这个非官方架构的图中我们也可以清晰地看到谁更靠近人际关系的中心，谁更远离中心，这可以为公司管理员工、分配任务提供参考。

图 2-3 基于复杂网络形成的非官方架构图

利用复杂网络可以简单高效地分析系统的性质。比如用复杂网络对因特网进行分析，我们可以了解因特网中各个部件之间的相互作用和关系是怎样的，信息的传输是如何进行的，信息传输的过程中会不会有拥堵的问题，我们怎样来解决这样的拥堵问题，怎么样能实现网络结构与功能的优化。

通过复杂网络还可以探索系统演变的过程以及预测这个系统的未来走向。比如在科研论文网中，我们可以用复杂网络技术构建一个以论文主题词为节点的主题网络，从而研究由主题所反映的某个研究领域的脉络与演化状态，揭示这个领域目前的研究热点是什么，为什么它会成为研究热点，未来可能有怎样的研究趋势。

我们所生活的自然界、我们所处的社会、构成我们生命的细胞，从宏观到微观，从大到小，都可以通过适当的网络形式表现出来。复杂网络理论所揭示的网络结构性质和规律为我们认识系统的结构提供了一种科学有效的方法，是我们认识现实世界的一件强有力的武器。借助复杂网络技术，我们可以使复杂世界不再复杂。

复杂网络的基本参数及其意义

为了刻画网络结构的统计特性，复杂网络理论从统计的角度提出了许多概念和方法，其中有三个最基本的概念：平均路径长度、聚类系数和度。除这些概念外，还包括介数和网络密度等。这些概念都是从整体上对复杂系统的结构进行宏观刻画，是系统结构的统计参数。

反映要素分离程度——平均路径长度

我们知道，系统都由要素构成，但要素之间的关系却是截然不同的。比如，一个村子、一个单位的人，要么是亲戚，要么是同事，要么是熟人，彼此都认识，是一个熟人的关系圈。但在火车站的候车室里，虽然有些人近在眼前，却是陌生人；而如果在火车站遇见一个熟人，你与熟人的关系跟你与陌生人的关系相比是不一样的。由此可见，系统中要素之间的亲疏关系是不一样的。平均路径长度正是一个从宏观统计的角度反映系统要素间亲疏关系的参数。

复杂网络理论将网络中两个节点 i 和 j 之间的距离 d_{ij} 定义为连接两个节点之间的最短路径上的边数。网络上任意两个节点之间的距离的最大值称为网络的直径，记为 D。网络的平均路径长度 L 的定义为任意两个节点之间的距离的平均值。

平均路径长度 L 科学地刻画了复杂网络节点之间的距离的统计特征。它描述了网络中节点间的平均分离程度，即网络有多小。不同的网络结构可赋予 L 不同的含义。如在疾病传播模型中 L 可被定义为疾病传播时间，在交通网络模型中 L 可被定义为站点之间的距离，等等。

刻画聚类行为——聚类系数

我们经常说，"物以类聚，人以群分"，这正反映出各个领域都有扎堆现象。例如，生态系统的生物群落现象、产业发展过程中的产业集群现象、校园里的社团组织等。在社会交往过程中，我们也会发现朋友的朋友有可能是朋友，人们之间也可能由某种关系紧密联系在一起。复杂网络理论用聚类系数来描述这种聚集的行为。

在复杂网络中，节点的聚类系数是指与该节点相邻的所有节点之间连边的数目占这些相邻节点之间最大可能连边数目的比例。而网络的聚类系数则是指网络中所有节点聚类系数的平均值，它表明网络中节点的聚集情况，即网络的聚集性，也就是说同一个节点的两个相邻节点同时彼此也是相邻节点的概率有多大。

做个简单的比喻，所谓聚类系数 C 其实就是已存在的联系与最大可能的联系之间的一种比例关系，也就是说有多少可能联系已经变成了现实联系的比例。从理论上来说，任何两个节点之间都可能建立联系，也就是任何两个节点都可能用边线联系起来。例如，社会中任何两个人都有可能建立起某种联系。但现实的情况并非如此，只有一部分人通过某种关系联系在一起，这也就是说有些人之间联系紧密，有些人之间关系比较松散，没有直接的或间接的联系。以你的朋友关系网络为例，聚类系数值在 0 到 1 之间，取两个边缘值进行分析。当聚类系数为 0，就说明你的朋友与朋友之间除了你这个联系渠道以外，他们彼此之间不认识，没有其他的联系渠道。当聚类系数为 1，就意味着这个朋友与你所在的关系网络中的所有人都认识。

网络的聚类系数为整个网络中所有节点聚类系数的平

均值，在实际应用复杂网络时，除了可以分析单个节点的聚类系数，还可以分析整个网络的聚类系数，进而判断网络中节点的扎堆情况。网络的聚类系数事实上就是网络中节点扎堆现象的科学刻画。若一个网络的聚类系数比较大，说明该网络的群体结构划分较为明显，群体之内的联系会多于群体之间的联系。

衡量节点的重要性——度和度分布

生活中有些人爱好交际，朋友众多，而且很有号召力，成为组织的核心人物。有些人不善交往，没有多少朋友，也难以组织他人。复杂网络理论用"度"[①]（K）这样一个参数来刻画其朋友的个数。

度是单独节点的属性中简单而又重要的概念。节点的度的定义为与该节点连接的其他节点的数目。一个节点的度分为出度和入度。节点的出度是指从该节点指向其他节点的边的数目，节点的入度是指从其他节点指向该节点的边的数目。度的大小可以作为判断节点重要性的指标，称为"度中心性"，一个节点的度越大就意味着这个节点在某种意义上越"重要"。如图 2-4 所示，以 A 点和 C 点为例。A 的出度指向了 B、D、G。A 的入度来自 C。C 的出度指向了 A，C 的入度来自 B、E、F。直观上看，一个节点的度越大就意味着这个节点在某种意义上越"重要"。在图 2-4 中，C 的入度最高，A 的出度最高，这也意味着 A 和

---

① 在一些文献中也称为"度数中心度""度中心性"。

C 在整个网络中是比较"重要"的。

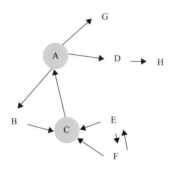

图 2-4　度的示意图

很显然，在网络中并不是所有的节点都具有相同的度，实验表明在大多数实际网络中节点的度是满足一定的概率分布规律的。研究者将度分布 $P(k)$ 定义为网络中度为 k 的节点在整个网络中所占的比率，也就是说，在网络上随机抽取到度为 k 的节点的概率为 $P(k)$。

表征节点在连通网络中的作用——介数

衡量网络节点的重要性的指标有很多，但每一个指标的侧重点不同。度着重在于节点的邻居节点的多少，我们认为邻居节点越多，那么节点在网络中的重要性越强。该指标的优势在于计算非常简单，但它也存在劣势，这是因为节点的重要性跟网络的最短路径也有密切的联系。举一个极端的例子，一个网络有两个团体，但是只有一个节点 A 作为两个团体的桥梁，A 既与团体一中的某个节点 B 相连，又与团体二中的某个节点 C 相连，但 A 只有 B 和 C 两个邻居，A 的度为 2，B 与团体另外 99 个节点相连，那么 B 的度为 100。以度来看的话，B 远重要于 A，但是很明显如果团体一与团体二的人想要联系，是避不开 A 的，一旦 A 这个节点被移除了，团体一和团体二就分离了。而移除 B 就没有这么大的危害。那么有什么可以描述这种重要性呢？这就是介数[①]了。

介数包括节点介数和边介数，反映了节点与边的作用和影响力。节点介数指网络中所有最短路径中经过该节点的数量比例，边介数则指网络中所有最短路径中经过该边的数量比例。网络中不相邻的节点 v_j 和 v_i 之间的最短路径会途经某些节点，如果某个节点 v_i 被其他许多最短路径经过，则表示该节点在网络中很重要，其重要性可以用节点的介数 B_i 来表征。这个通过介数来判断节点重要性的指标也可以称为介数中心性。

介数具有很强的现实意义，主要是表征节点在连通网络中起到的作用。例如，在社会关系网络或技术网络中，介数的分布特征反映了不同人员、资源和技术在相应生产关系中的地位，这对于在网络中发现和保护关键资源和技术具有重要价值。

描摹网络紧密程度——网络密度

从宏观上来看，无论什么网络都有稀疏和稠密之分。有的网络整体上看来比较稀疏，比如古时候的"阡陌交通"；

---

① 在一些文献中也称为"中介中心度""中介中心性""介数中心性"。

有的网络看起来比较密集，比如大城市的公路网；还有的网络可能一部分稀疏，另一部分密集。那么我们如何描摹在形态各异的网络中节点之间联系的紧密程度呢？此时网络密度参数就派上了用场。

网络密度不同于物理学上的密度，它是指网络中实际存在的连线数与最多可能存在的连线总数之比。网络节点之间连线越多，网络密度就越大。网络看起来越稠密，各节点之间联系的紧密程度就越大。

网络密度是描摹网络中各节点紧密程度的参数，可以帮助我们表征研究对象内部各要素间联系的紧密性。

复杂网络的典型特性

复杂网络具有复杂性、小世界、无标度、超家族等特性（郭世泽，陆哲明，2012）[10-11]，本节将主要介绍最广为流传的小世界效应和无标度特性。不知你是否经常有这样的想法：这个世界怎么如此之小？为什么社会总是贫富不均？富有的人怎么就越来越富了呢？这些问题就要靠复杂网络的典型特性——小世界效应和无标度特性来回答了。在理解复杂网络的典型特性后，你可以知道现实的网络为什么会呈现这样的特征，进而加深对复杂网络的理解并解决一些实际问题。

"世界为何这样小"——小世界效应

小世界效应表现为尽管网络的规模很大，但任意两个节点间却有一条相当短的路径。小世界效应的发现促进了小世界网络模型的构建，即美国学者沃茨和斯托加茨于1998年构造的 WS 网络模型。在了解小世界网络之前，你需要知道规则网络和随机网络分别是什么。

规则网络的特点是每个节点拥有的与之相连的节点数目都相同。使用最多的规则网络是由 N 个节点组成的环状网络，网络中每个节点只与它最近的 K 个节点连接，如图 2-5a 所示。而随机网络来源于厄多斯和伦伊提出的 ER 随机图理论，在随机网络中，两个节点之间连边与否不再是确定的事情，而是根据一个概率决定，如图 2-5b 所示。

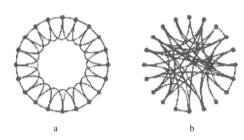

a   b

图 2-5　规则网络 a 与随机网络 b（Watts，Strogatz，1998）

规则网络和随机网络是两种极端的情况，大量真实的网络既不是规则网络，也不是随机网络，而是介于两者之间。就好比现实生活中的人际关系网，如果是规则网络，那么就意味着每个人都只认识自己周围的朋友，而且所认识的朋友的数目都是相同的。如果是随机网络，那么就意味着你认识的朋友离你的远近距离不确定，数目也不确定。我们都清楚，以上两种情况均不符合我们真实世界中的人际关系。通常情况下，一个人认识他周围的邻居和同事，但也有可能有少量远在异国他乡的朋友。

沃茨和斯托加茨突破了单纯的规则网络和随机网络模型的束缚，建立了介于规则网络和随机网络之间的 WS 网络模型。为了使网络的构造符合现实世界，沃茨和斯托加茨通过以概率 P 切断规则网络中原始的边并随机选择新的节点重新连接，构造出具有较小的平均路径长度又具有较大的聚类系数的小世界网络，如图 2-6 所示。两个节点之间连边与否不再确定，而是由概率 P 决定。显然，当 $P=0$ 时，相当于各边未动，还是规则网络，具有较大的平均路径长度和较大的聚类系数；$P=1$ 时就成了随机网络，具有较小的平均路径长度和较小的聚类系数。

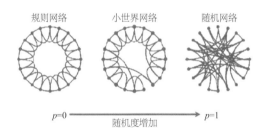

图 2-6　三种网络模型的对比（蔡泽祥，王星华，任晓娜，2012）

小世界网络的特性是以概率 P 引入了极少量远程链接。相对于具有相同节点数和边数的规则网络，这些极少量的远程链接使小世界网络节点间的平均距离明显减小。比如在铁路网中，要想从城市 A 到达城市 E，原有的路径是从城市 A 坐火车出发，经过城市 B 转车到城市 C，再转车到城市 D，最后转车到城市 E，这条路径比较长，途中所耗时间比较多。而现在，我们在铁路网中建立了一条从城市 A 直达城市 E 的铁轨，这就相当于远程链接，如此一来，A 与 E 的路程就缩短了，途中所耗时间也明显减少，交通出行更加便捷。但是，如果对这些远程链接发动攻击，可能导致整个网络连通性产生剧烈变化。就好比恶劣天气把城市 A 到城市 E 的直达路线破坏了，那么从 A 到 E 又回到原来需要耗时很久的状态。不仅如此，按正常线路运行的火车也会由于这一条铁轨的损坏而改变发车和靠站时间，正所谓"牵一发而动全身"。

"为何贫富不均"——无标度特性

真实的网络都是动态变化的而不是静止的，所以时时刻刻都会有新节点的加入。比如在人际网中，每天都有新生儿降临在这个世界上。再如在论文网中，每天都会有新的论文发表。又如在万维网中，每天都有新的网页发布。这些现象均体现出复杂网络的增长性。增长性是指网络中不断有新的节点加入进来。而当新的节点加入进网络时，我们又会观察到另外一种现象，比如一篇引用量极高的论文更有可能被新发表的论文引用，这样这篇论文的引用量会更大；拥有众多学生追随的导师更有可能被新入学的学生选择，这样这位导师的学生会更多。我们称这种现象为复杂网络的择优连接性。择优连接性则指新的节点进来后会优先选择网络中度大的节点进行连接。这样造成原来度很大的节点度就变得更大，原来度很小的节点相对于度正在不断变大的节点来说就更小了。这就好比富人更富，穷人更穷。增长性和择优连接性是以前的网络模型都没有考虑过的真实网络的两个重要性质。

美国学者巴拉巴西和艾伯特在研究万维网时首次引入

了增长性和择优连接性,于 1999 年共同提出了无标度网络模型。无标度特性反映了网络中度分布的不均匀性,只有少数节点与很多其他节点相连,成为特别重要的节点,而大多数节点度很小,是一些普通节点。

那么为什么我们会称这种现象是复杂网络的无标度特性呢?"标度"是如何体现的呢?我们可以在直方图中画出规则网络和随机网络的 $P(k)$-k 函数曲线(图 2-7a 和图 2-7b)。从节点的度分布函数来说,规则网络各个节点都有相同的度,所以其度分布集中在一个单一尖峰上,是一种德尔塔(Delta)分布。而对规则网络的随机化会使这个尖峰变宽,所以随机网络的度分布服从泊松(Poisson)分布。而巴拉巴西和艾伯特发现了介于规则网络和随机网络之间的复杂网络,其度分布大多服从幂律分布,在直方图中以双对数坐标表示 BA 网络的度分布函数如图 2-7c 所示。

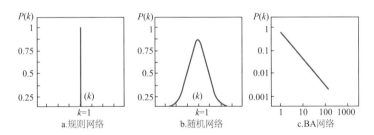

图 2-7　规则网络 a、随机网络 b、BA 网络 c 的度分布函数曲线
(郭世泽,陆哲明,2012)[44]

在规则网络和随机网络中,度分布区间非常狭窄,大多数节点都集中在度均值 k 的附近,说明节点具有同质性,因此,k 可以被看作度的一个特征标度,"标度"就体现在此处。而在度服从幂律分布的网络中,大多数节点的度都

很小，而少数节点的度很大，说明节点具有异质性，这时特征标度消失。这种节点度的幂律分布就被称为复杂网络的无标度特性（刘建香，2009）。BA网络中存在的少数具有很大度的节点在网络连通中扮演着关键角色，一般也称它们为核心（Hub）节点。

如果我们随机删除BA网络的节点，基本上不会影响网络的连通性或是影响非常小，此时我们说BA网络是坚不可摧的。因为BA网络中大多数节点都是非核心节点，被随机删除的节点很可能是非核心节点。相反，如果我们有选择地删除核心节点，就会对BA网络造成极大的影响甚至使其迅速瘫痪，此时我们说BA网络是比较脆弱的。比如在铁路网中，许多度很小的车站受到破坏不会对整个铁路网造成很大的影响，但是一旦发生枢纽车站受到破坏的情况，相当于有选择地删除掉了核心节点，这样一来给铁路网造成的打击必然是很大的。所以BA网络的无标度特性同时显现出针对随机故障的鲁棒性（来源于英文robust一词，意为结实的、强健的）和针对蓄意攻击的脆弱性。

本章主要介绍了复杂网络的本质及用途、复杂网络的基本参数（平均路径长度、聚类系数、度和度分布、介数、网络密度）与典型特性（小世界效应、无标度特性）。在了解这些基本参数和典型特性后，我们可以更好地从复杂网络的视角去看待纷乱繁杂的世界。这些基本参数与典型特性在很多领域已经有了广泛且深入的应用，能够解释许多现象、解决许多问题。

三　大千世界，以网观之

复杂网络正迅速地渗透到我们生活的各个角落。或许你也有着相同的疑问，复杂网络究竟影响了我们生活的哪些方面？它给我们带来了怎样的影响？我们又该如何去利用复杂网络呢？在本章中我们将分别讲述复杂网络技术在防控传染病、遏制谣言扩散、应对金融危机与企业吞并、应对大规模停电、缓解城市交通拥堵等方面的应用情况，从以复杂网络看待事物、解决问题的视角开始，走上探索复杂网络技术应用的旅程。

新冠肺炎大面积传播的真相

新冠肺炎疫情的预测

新型冠状病毒肺炎（COVID-19，简称新冠肺炎）作为流行病的一种，它的大面积传播不仅对感染者的身体造成极大的危害，而且对我们每个人的生活都产生了一定的影响。在新冠肺炎疫情发生后，怎样预测疫情的传播及如何有效控制疫情成为全世界关注的重要问题。传统的流行病传播的研究是建立在个体间接触是均匀混合的假设的基础上，然而在实际情况下人群的接触模式并非均匀混合的，而是展示出复杂的网络结构。因此，运用复杂网络技术研究现实生活中的流行病传播，可以为流行病传播的预测及控制提供理论依据。我们可以把人看作节点，把与之接触过的人看作该节点的边，运用复杂网络理论对新冠肺炎的传播进行分析：通过采用度和度分布、平均路径长度、聚类系数作为研究新冠肺炎的基本参数，发现新冠肺炎具有复杂网络的高聚类、小世界效应及无标度等特性。同时，将复杂网络技术用于传染病动力学模型，使用基本再生数这一参数来对疫情的传播进行有效的预测。

复杂网络中传统的传染病动力学模型包括 SI 模型、SIS 模型、SIR 模型等。其中 S 为 susceptible，代表易感者；I 为 infected，代表感染者；R 代表 recovered，代表康复者。其中，个体受感染后难以治愈且保持感染状态不变的适用 SI 模型，如艾滋病；个体感染后可恢复健康但康复后容易再次被感染的适用 SIS 模型，如流感；个体在感染后可恢复到健康状态并且产生了终生免疫力，不会再次被感染的适用 SIR 模型。在新冠肺炎疫情中，由于个体感染后还具有潜伏期，大多数学者采用了 SEIR 模型对疫情进行预测（E 为 exposed，代表暴露者）。

SEIR 模型指易感状态 – 潜伏状态 – 感染状态 – 移出

状态模型（转引自范如国，王奕博，罗明 等，2020）。其中，S为易感者，即与已感染者直接接触的可能被感染的人。E为暴露者，即已经被感染了但还未表现出感染症状的人。I为感染者，即已经表现出感染状态并且可能感染他人的人。R为康复者，指已康复并获得免疫力或被隔离的人。由于受到新冠肺炎的无症状感染者及暴露者也具有一定传染性等因素的影响，有研究者也根据自身的研究需要改进SEIR模型来进行预测。

利用复杂网络动力学模型，可以对新冠肺炎的传播能力和发展趋势进行预测。基于SEIR模型的基本再生数R_0作为传染病动力学中最重要的参数之一，被广泛地运用于复杂网络对传染病的预测中，是判断流行病是否暴发的依据之一，可以为疫情的防控提供参考。基本再生数是指在只有易感染者的群体中，一个感染者在康复之前平均能感染的人数。对于某种传染病而言，如果$R_0 < 1$，该传染病会趋于消失，但如果$R_0 > 1$，该传染病就可以传遍整个人群。有研究者基于SEIR模型，采用国内外数据，估计新冠肺炎的基本再生数在2.8—3.9之间，判断出新冠肺炎的R_0略高于SARS，属于中高度传染性的传染疾病（周涛，刘权辉，杨紫陌 等，2020）。

除了利用SEIR模型判断流行病的基本再生数，还可以用来预测疫情拐点的出现。蔡洁等人通过收集2020年1月20日到2月18日武汉新冠肺炎疫情的数据，利用SEIR模型模拟了疫情的发展趋势，即疫情拐点会出现在2月底及疫情会在4月底得到基本控制（蔡洁，贾浩源，王珂，

2020）。同时，他们用获得的预测数据与实际疫情的数据作对比，验证了该模型能较合理地模拟新冠肺炎疫情的发展趋势。

随着现代交通工具的高速发展，人和人之间的社交距离越来越近，即人与人的平均路径长度 L 越来越小，反映出我们所生活的世界也越来越小，展示出疫情具有小世界特性。在传染病的传播模型中，平均路径长度 L 也可视为疾病的传播时间，在新冠肺炎疫情中，大规模的人口流动使得新冠肺炎在短时间内就能快速扩散至全世界，也就是平均路径长度变小。同时，在新冠肺炎传播网络中，节点的聚类系数较高，在家人、朋友及同事之间的聚集暴发现象在疫情中较为常见，展示出高聚类特征。通过分析新冠肺炎疫情的度及度分布参数，发现在该网络中存在少部分度较大的节点，具有无标度特性。在无标度网络中这些度较大的节点有更大的概率接触已被感染的节点，它们在无标度网络中是最早被感染的，而这些度较高的枢纽节点一旦被感染，就成为超级传播者，也就是能将病毒传染给 10 人以上的感染者。枢纽节点的存在造成的直接结果是无标度网络中的传播阈值趋近于 0，也就是即使病毒难以在个体间传播，它们在网络中也可以传播。

新冠肺炎疫情的防控

从新冠肺炎疫情具有的小世界、高聚类和无标度等特性来看，为了避免感染者感染更多的人，需要切断网络中的长程链接，减少社区、家庭、朋友之间的聚集活动，采用隔离的方法来切断疫情的传播（图3-1）。

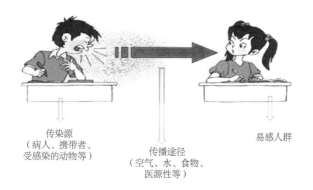

传染源
（病人、携带者、
受感染的动物等）　　　传播途径　　　　　易感人群
　　　　　　　　　（空气、水、食物、
　　　　　　　　　　医源性等）

图3-1　传染病流行的三个基本环节

从传染病动力学角度来看，通过减少出门和聚会次数来降低感染者传染易感者的数量，通过戴口罩与多洗手消毒来降低传染率，通过对与感染者密切接触过的人进行居家隔离或医学隔离来缩短病毒可传播的时间长度，使基本再生数降低到1以下，可使疫情得到有效控制。

从免疫策略角度来看，可采用目标免疫策略和熟人免疫策略。目标免疫策略即针对无标度网络中的那少部分关键节点进行免疫，避免这些关键节点被感染后成为超级传播者。熟人免疫策略则是在网络中随机选择一部分节点，然后在这些被选中的节点中随机选择一个邻居节点进行免疫。因为在无标度网络中，度大的节点有许多节点与之相连，若随机选择一点，当再选择其邻居节点时，度大的节点比度小的节点被选中的概率大得多。在实际的疫情防控措施中，我们也采取了对与已感染者密切接触的人进行居家隔离或医学隔离的措施来进行熟人免疫。

从早期的天花、麻疹到近些年来的艾滋病、**SARS**、新冠肺炎，传染病一直威胁着人类，是世界性的重大公共卫生问题。运用复杂网络技术，能让我们更快地认识传染病的传播规律并进行预测，从而及时有效地进行预防，避免造成更大的危害。

为什么流言蜚语传播得如此之快

从"某干部携巨款潜逃加拿大"到"艾滋病患者滴血传播艾滋病"再到"杞县钴60泄漏"，这些耸人听闻的信息，最后都被证明是不折不扣的谣言。谣言作为一种普遍的社会现象，它的传播会形成社会舆论，引发民众恐慌，严重时会损害公众利益、危害公共安全、造成社会震荡。由于谣言的巨大危害性，相关部门也采取了一定的管控措施来防止或抑制谣言的大面积传播。随着新媒体的发展，人们发现谣言的传播手段、传播途径等都发生了很大的变化，传播速度也变得越来越快了。其传播机理和内在规律是什么？我们可以采取哪些措施来抑制谣言的传播呢？

流言蜚语快速传播的本质

传播学、心理学、社会学等领域对谣言传播的研究主要是通过问卷调查或实验等手段定性地分析谣言的内涵，谣言传播的影响因素、心理动机，谣言的产生和传播机制等（李丹丹，马静，2016），为控制谣言传播出谋划策。

从复杂网络的视角来看，谣言传播及其引发的社会舆论往往牵涉大规模的人群，人与人之间的接触和交互方式对于谣言的演化与控制有着至关重要的影响。如果用节点表示个人，用边连接相互接触或者有相互作用关系的个人，那么人群就可以用人际关系网络来刻画。由于谣言在人际关系网络中的散布与流行病的传播存在很多相似之处，基于流行病传播模型，可以将人群分为未知者（没有听到谣言的）、传播者（听到谣言并传播谣言的）和遏制者（听到谣言但不传播谣言的）三种类型（Daley，Kendall，1965）来建构谣言传播模型。

通过谣言传播模型的建立，我们会发出感叹：这个世界真小啊，人与人之间都由密密麻麻的边连接起来，谣言会很快地从一个人传播到另一个完全不认识或没有接触过的人，怪不得流言蜚语总是传播得这么快。

控制谣言传播的新视角

复杂网络为我们更好地了解谣言的传播、预测谣言的传播乃至控制谣言的传播提供了新视角。

一方面，受网络结构影响，在小世界网络中，未知者与传播者接触时会发生谣言的传播，而传播者与另一个传播者或遏制者接触时，不会发生谣言的传播。通过复杂网络能计算谣言从"在局部范围消失"向"在一定范围传播"转变的临界值。当网络的随机性小于临界值时，未知者与传播者之间缺少连接渠道，传播者与传播者、遏制者联系密切但没有产生谣言的传播，这就使谣言很快在小领域范围内消失；当它高于临界值时，未知者与传播者之间联系密切，谣言会在一定范围内迅猛传播。与小世界网络不同，无标度网络往往关注未知者与传播者的身份转变。假设一个未知者与传播者接触时，以概率 λ 变成传播者；传播者与另一个传播者或者遏制者接触时，以概率 α 变成遏制者，谣言在这种网络的传播中不存在临界值。有研究者发现聚类系数越高的无标度网络，越有利于抑制谣言的传播。通过剖析谣言传播模型所属结构类型，可以采取相应措施来防止谣言的进一步传播。例如：在小世界网络中，尽早将随机性降低在临界值之下，使谣言能在小范围领域尽早消失；在无标度网络中，可增大网络的聚类系数来抑制谣言的传播。

另一方面，谣言传播模型可以直观地呈现出有多少节点得知了谣言信息、哪些节点之间发生了谣言的传播、哪些节点传播能力强且造成了多大范围的影响。通过对谣言传播模型的整体把握，可以采取控制关键节点的方式来控制谣言的大幅度传播。参考影响谣言传播的因素，构建与谣言因素相联系的谣言传播模型，可以更好地确定节点在多大程度上会传播谣言，继而采取相应措施来防止谣言的进一步传播。

通过建立合理的网络模型来再现真实谣言传播网络，并在此基础上进行理论研究和数值仿真，复杂网络为定量研究谣言传播规律提供了契机，为解释"为什么流言蜚语传播得如此之快"的谣言传播机理以及解决"如何抑制谣言的传播"的问题提供了新的解决方案，成为当前研究谣言传播演化动力学的重要途径。

除了研究谣言传播之外，复杂网络还可以用来研究社交领域的许多现象。社交网络实质上就是由一群人或团体按某种关系连接在一起而构成的一个系统。这里的关系可以是多种多样的，如人与人之间的朋友关系、合作关系，家庭之间的联姻关系，公司之间的商业关系等。根据研究需要，去界定节点与节点的关系，复杂网络可以为我们探讨社交领域中"群体间关系的紧密程度、信息与知识的传播、网络的稳定性"等方面的内部规律和作用机理提供新思路。第一章提及的小世界实验、凯文·贝肯游戏、弱连接也是复杂网络在社交领域研究中的表现与应用。

席卷世界的金融危机与企业吞并

人类社会离不开买卖，到处充满着生产和消费，经济与我们的生活息息相关。在经济领域，如果把个人、公司、国家等进行交易的主体视为节点，各交易主体之间的经济、金融方面的联系视为节点间的连边，我们可以绘制一张经济世界的网络图。

"牵一发而动全身"——金融危机

美国次贷危机

美国是世界上第一大经济体，但在21世纪初期，由于"9·11"事件和互联网泡沫破灭的打击，美国经济有些许的衰退。为了振兴经济，美国政府开启了一系列经济提振计划，其中就包括向低信用群体提供贷款（次级贷款，其对贷款者信用记录和还款能力要求不高，但利率比一般贷款要高），以促进人们买房，带动国内生产总值的提升。然而，一起提升的还有美国的房价，导致购房者的还贷负担大为加重。同时，购房者出售住房或者通过抵押住房再融资变得困难。

次贷危机是从 2006 年春季开始逐步显现的，房价上涨到一定程度后开始急剧下跌。房价下跌使得许多贷款人开始违约，而违约事件的不断发生又使得越来越多的房子砸到了银行手里，为了尽快处理这些房产又引发了新一轮房价下跌。这一系列连锁反应导致了次贷危机的爆发（图 3-2）。

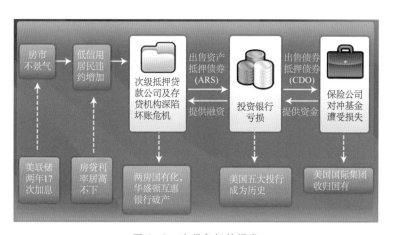

图 3-2　次贷危机的爆发

资料来源：https://baike.so.com/doc/482237-510676.html。

在这场由次级贷款引发的危机中，次级贷款机构（如雷曼兄弟公司）不断破产，投资基金被迫关闭，股市发生剧烈震荡。次贷危机自 2007 年 8 月开始席卷美国、欧盟和日本等世界主要金融市场，致使全球主要金融市场出现流动性不足危机，险些造成世界性的金融秩序崩溃。

在这场危机中，我国挺身而出，承担了很大的风险和责任，还有一些国家也不约而同地为维护世界经济稳定贡献了自己的一份力量。

对于这场金融危机的蔓延，我们可以从复杂网络的视角对其原因进行分析。（1）经济网络的小世界效应：小世界效应极大地缩短了金融机构及有交易的国家之间的距离，风险能够很快地在网络中进行传播。（2）经济网络的无标度特性：无标度网络中存在的度很大的核心节点，使其具有一定的脆弱性。美国就相当于经济这张无标度网络中的核心节点，当美国发生严重的金融危机时，受波及的节点很多，进而引发整个经济网络的动荡。（3）经济网络中节点的同质化：有研究表明，网络中节点的差异性越大，网络的鲁棒性越强。金融危机前，美国金融机构之间的界限已变得模糊，商业银行变得很像投资银行，保险公司变得很像银行，而且它们的经营策略及风险管理策略也变得很相似。在次贷泡沫破裂后，由于金融机构在很多方面都非常相似，因此遭受了同样的冲击，而这时它们又都选择同样的方式逃离风险，最终导致风险加剧，使整个金融体系陷入困境。（刘芳，2011）

分析这场金融危机中各国的应对方式以及导致危机爆发的原因，我们可以得到一些对金融体系风险治理的启示。（1）保护核心节点：由于美国世界第一大经济体的地位，其在经济网络中与各个国家有着紧密且深度的联系，导致其"大而不能倒"或者说"太互联而不能倒"。如果放任美国倒下，给处在这张经济网络中的节点带来的打击和损失将是巨大的，所以我国以及其他国家在面对这场金融危机的时候都在给予美国帮助。为了防止这些处于核心节点的金融机构受到外部强烈打击而导致整个经济网络的系统性崩溃，对这些金融机构的监管可以采用类似于流行病学中的"目标免疫"的策略，降低系统性风险爆发的可能性。（石大龙，白雪梅，2015）（2）促进金融机构的差异化经营：网络的节点越相似，整个网络就会越脆弱，为了构建更稳健的经济网络，应鼓励各金融机构进行差异化经营，采取不同的经营策略及风险管理策略。

"我最大听我的"——企业的吞并

在经济领域的这张复杂网络中，还出现了一种特有的现象，那就是大节点对小节点的吞并。

BAT 对企业的吞并

中国互联网公司三巨头是百度公司（Baidu）、阿里巴巴集团（Alibaba）、腾讯公司（Tencent）（三者的首字母连起来即为 BAT）。百度以搜索引擎为支撑，阿里巴巴侧重于电商，腾讯是社交领域的霸主。三家巨头形成了各自的体系和战略规划，掌握着大量的、多类型的数据，利用与大众的通道不断收购与合并后起的创新企业，可以说国内很大一部分重要的互联网企业的背后都有 BAT 的身影。

国内很多互联网公司也想像 BAT 那样崛起，可是在创业前期稍微有点起色的时候，如果被这三家企业看中了，那么基本上只有一个结局，要么它们会收购你，要么它们会通过给你的对手投资来抢占你的市场。

为什么BAT会不遗余力地去收购这些公司呢？主要的原因是想占领市场，毕竟互联网企业竞争激烈，如果任由今日头条、拼多多等新兴企业不断崛起，那么BAT很有可能会被后起之秀给取代，而如果在萌芽状态就对其进行收购，那么就不会有太大的威胁，就可以保持自身在互联网界的霸主地位。

在经济网络中，随着网络增长，核心节点必须变得越来越大，才能拥有与其他核心节点竞争的资本。为了满足核心节点对连接的渴求，经济网络中的核心节点学会了吞并小节点，这是一种在其他网络中从未出现过的新方式。全球化迫使节点变大，收购与合并成为经济增长的自然结果。

局部故障如何引发大规模停电

超级大国，电网很弱

纽约时代广场漆黑一片，帝国大厦黯淡无光，灯火璀璨的纽约天际线变为一道黑色剪影……。可不要以为是《蜘蛛侠》里的电力怪又出来祸乱人间，这是真真实实的纽约大停电的"奇妙"景象。2019年7月13日傍晚，美国纽约曼哈顿大面积停电，导致餐厅、商店暂停营业，部分地铁线路暂停运营，交通堵塞，美国全国广播公司、美国有线电视新闻网只能靠应急发电机播出节目。在此次事件中，共有约 7.3 万用户被迫断电，160 万余人的正常生活受到波及。巧合的是，13 日正是 1977 年纽约大停电的周年纪念日。在 42 年前的同一天，纽约也发生了严重的大规模停电，在混乱中发生了 1000 多起纵火案，1600 多家商店遭到洗劫，损失超过 3 亿美元。与 1977 年的电线被雷击不同，2019 年大停电的起因最终被锁定为"高龄"变压器起火。

在任意一个网站上搜索"大停电事故"，我们都可以在一些新闻报道中看到这样的句子：美国"又叒叕"停电了。发达国家中，美国的停电事故比其他任何国家都要多。1965 年，东北部 7 个州突然断电；1977 年，纽约大停电；1996 年，西部多个州两次大停电；1998 年，东部大停电；2003 年，美加联合电网大停电；2005 年，加利福尼亚州南部地区大停电；2014 年，东北部大停电；2019 年 7 月，纽约大停电；2019 年 11 月，加利福尼亚州大停电。

电力是现代社会经济发展和日常生活不可或缺的一种能源，大规模停电会给社会生产和居民生活造成很大的困扰并产生难以估计的损失。近年来，特高压电网建设和电网之间的大规模互联程度日渐加深，在电网之间加强联系与支持能力的同时，大规模停电事故发生的概率也在增加。大规模停电事故的频发、大电网结构和运行方式的复杂性使国内外专家、学者不得不重新对传统电网安全运行分析方法进行审视。他们发现：传统的还原论方法过分注重各原件的个体动态特性，很难揭示电力系统连锁反应事故和大停电机理等系统动态行为方面的特征。而复杂网络理论作为系统整体论分析方法，不仅能够揭示电网自身的拓扑结构特性，还可以自上而下全面研究停电事故，分析电力连锁故障和大停电的全局性质。复杂网络理论能够为电力连锁故障分析和大规模互联电力网络的整体特性分析提供新的思路与方法，有利于研究人员从宏观上分析故障的特性。

纵观美国几十年来的多次大规模停电事故，可发现其几乎都是由初始的局部故障演变为雪崩式的连锁故障，所以找出导致局部故障发生的关键节点显得尤为重要。而利用复杂网络理论判别电网结构的脆弱性和薄弱环节、预测连锁故障发生的可能性正是这一领域最为核心和重要的研究方向。用复杂网络理论来研究电力系统，首先要将实际电网接线图转化为抽象的网络拓扑模型，该模型用节点表征发电机、变压器和变电站等电气物理设备，用边表征高压输电线等连接线路。接着对构建的抽象模型的平均路径长度、聚类系数、介数、度和度分布等特性进行分析。直观上讲，节点的平均路径长度越短，意味着故障进行传播的距离越小；节点的聚类系数越大，意味着网络中每个节点周围的节点连接得更为紧密，节点故障更易通过其相邻节点传递到周边节点，引发整个网络连锁故障。节点的介数越高，表示该节点在网络中承担的中介能力越强；节点的度越大，表示节点所连接的点越多，其重要性就越强，对整个网络连通性的影响越大。

众多基于复杂网络理论的电力系统研究表明：（1）大

部分电网属于小世界网络，小世界网络较小的平均距离和较高聚类系数等性质对故障传播起到了推波助澜的作用。（2）可以介数大小为指标来识别关键节点和支路，介数最大的节点和线路对连锁故障的发生与扩大有着重要作用。（3）电网的度分布符合幂律分布，体现出无标度特性，无标度网络对随机故障具有惊人的鲁棒性，但是在遭受蓄意攻击时可能不堪一击，会使发生大停电的可能性增加、停电规模增大。

事实上，不只是美国，从世界范围来看，电力系统事故也时有发生。巴西、俄罗斯、西欧、韩国、印度等也都遭遇过大面积停电。这些大停电事故的发生，究其根本，无不是因为关键区域小规模的故障没有得到及时处理而酿成的。

辨识电网关键控制支路和节点，进而建立分级运行风险快速评估和预警体系，可以保障电力系统安全稳定运行。同时，基于对电网拓扑结构的分析，可以建设战略防御系统，减少和防范连锁故障导致的大停电事故。复杂网络理论有助于电力系统灾变防治与经济运行研究，为电力系统故障研究提供了一个崭新的视角，并且已经在许多方面取得巨大成效。

改善交通拥堵的新方案

复杂网络如何为改善交通拥堵提供新思路

随着城市化不断推进、经济与科技日益发展，我们的出行也日渐便利。古人徒步数月去往某地的场景几乎一去不返，在今天便捷的交通网中，在两个距离很远的地区来回的时间大大缩短。连接城市的高速路与铁路网、来往不停的航班似乎让世界变小了。想要到某个景点，只需查好交通路线，在不同的交通网络中穿梭，就会到达目的地。

将范围缩小到一座城市，错综的城市交通网为我们带来的便利也时常令人感叹。但不可忽视的是，这种便捷也会遇到困境——交通堵塞，并且这种困境在近些年似乎有着更加严重的趋势。当交通堵塞时，道路运输效率降低，人们困在无法前行的焦虑中，汽车无用地耗费着燃油，尾气源源不断地被排放。有研究表明，堵车不仅造成资源浪费与环境污染，还增大了交通事故发生的概率，对人和车辆都造成很大的危害。（赵月，2009）在城市交通网络中，如何有效预防交通堵塞已经成了一个首要问题。

复杂网络的兴起为交通运输系统的研究提供了一个崭新的视角。交通网是一个如此复杂的系统，我们尝试利用复杂网络理论对其进行分析，以获取对于堵车这一问题的更优解决方案。

以城市内交通网络为例，首先我们要将其抽象成复杂网络。从图论的角度，网络由线与点以及它们之间的关系组成。将道路交叉口与出入口等看作复杂网络的节点，将它们连接成的路段抽象成线，可以发现，大多数节点只有很少几个连接，这些小节点通过仅有的几个高度连接的枢纽节点联系在一起。如很多的小路口（小节点）是通过大交通枢纽所在的主要干道联系在一起的。如 2017 年上海城市轨道网络（图 3-3）中，大的枢纽节点连接了众多地铁线路，四周的小节点或仅通过一条线路连接到某一主要枢纽，具有无标度特性，即网络的连接分布符合幂律分布：绝大部分节点的度相对很小，但存在少量度很大的节点。这类网络也称为非均匀网络，那些度相对很大的节点称为网络的集线器。（汪小帆，李翔，陈关荣，2006）[12]

在此基础上，利用信息技术手段抽象出某城市内交通系统网络，可按照度大小等指标对其进行评估，并优化已有公路结构。

图 3-3　上海城市轨道交通网络示意图

资料来源：http://www.itmop.com/viewimg_172556_0.html。

交通拥堵的主要原因及从网络整体视角出发的解决方法可以大致归纳为如下几点：（1）暂时路障：如道路维护等，可以通过对城市交通网络提前进行合理规划来有效减少拥堵。（2）永久能力瓶颈，主要是运输能力不足：通过城市交通网络对这些地方进行及时客观地评估，进而采取相应的拓宽道路等改善措施。（3）随机波动的不确定因素：通过城市交通网络对这些地点的拥堵情况做出及时反馈，使交通部门能及时采取应对措施以缓解拥堵。（蔡春梅，2013）

具体应该怎么操作呢？结合无标度的特征，我们或许可以有这样一些新思路：（1）人为引导交通流沿一定方向移动（如实施转弯禁行），同时通过切断一些度比较大的节点之间的某些连接，删除与介数大的节点相连的边来减小交通压力。（2）通过对网络特征及结构的分析，设置合理的高承载率汽车专用车道以及优先发展公共交通。（3）提高运输能力。无标度网络中度较大的节点由于其特殊性使得大部分交通流集中在自身，在节点的能力存在限制的条件下，交通拥堵就发生了。（赵月，2009）类似地，介数较大的边也容易发生交通拥堵，且这样的路段上的突发事件等造成的交通拥堵将对整个网络造成严重的影响。因此，要注重提高重要节点的能力及介数较大边的通行能力。（李树彬，吴建军，高自友 等，2011）另外，可根据复杂网络理论来设计拓扑性能更好的网络结构，考虑如何合理地在现有网络的基础上增加新的连接和节点以提高网络的处理能力。（郭世泽，陆哲明，2012）[38]（4）发布实时交通信息，引导出行者合理确定出行时间、方式及路径等。只有在对交通复杂网络有明确了解的情况下，才能及时为出行者选择合理的替代路径；实时监控重要节点尤其是一些能力不足且负荷很大的节点并制定相应的应急策略。

从复杂网络看关键节点与城市安全

除城市内交通网络外，对铁路、航空等跨地区交通网络进行的大量的实证研究结果表明，它们大都具有无标度（符合幂律分布）或小世界特性（网络同时具有较大的平均聚类系数和较小的平均最短距离）。

以中国航空网络为例，大多数小机场只通向一个或几个大的航空枢纽，而一个大的机场会通向数百个小机场（小节点）。其原因与 BA 模型中提到的优先连接机制相关：小机场总是倾向于与大机场建立航线，使得大节点（关键点）的出现成为可能，呈现出非均匀网络（无标度网络）特性。再以居民出行网为例，随着经济发展，城市中出行网络节点数不断增加，而城市网络中存在一些吸引力特别大的节点，比如大型购物、娱乐中心，使得新加入的节点更容易与之连接，出行网络就会逐渐演化为无标度网络。（赵月，2009）

根据无标度网络的特性，对许多交通网络，我们除了对正常运行中产生的拥堵问题进行分析外，也要注意到一些关键节点对城市安全的重要作用。与少数的均匀网络相比，无标度网络的连通性主要是由少数枢纽节点保证的，它们决定着真实网络的结构稳定性与故障容忍性。

对比城市间高速公路图与航空路线图（图3-4），可以

 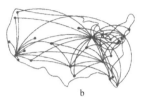

图 3-4　高速公路图（a）与航空路线图（b）（巴拉巴西，2013）[102]

清晰看出，城市间的高速公路网是非常均匀的网络，即大多数节点拥有差不多的连接数量——每个城市至少有一条高速公路与之相连，但没有哪个城市有数百条高速公路与之相连。均匀网络并不惧怕对节点的选择性攻击，而无标度网络虽然对随机攻击的耐受力较强（这意味着如果有偶然发生的故障，交通网络可以对其做出较好的反应，不至于使正常生活和整个网络受到太大的影响，这体现了交通网络的稳定性），但其对基于度和介数的选择性攻击表现出较大的脆弱性（一个站点瘫痪导致整个网络效率下降）。美国的"9·11"事件使人们开始关注城市交通网络对城市安全的意义。利用复杂网络的一些技术在恐怖袭击之前进行及时的预防和保护也已成为城市交通网络研究的重要部分。从事这方面的研究首先要在网络中寻找关键地点，对关键地点的确定能有效保护城市安全，同时为交通网络设计提供足够的便利。

随着我国城市化进程的不断加快，交通网络也在不断地发生变化。这体现在复杂网络中即节点与线不断增多，相应地，它们之间的相互作用也变得更加复杂。同样不断发展的复杂网络理论与技术将为交通网络优化提供更好的支持，在一定程度上也能为未来城市的建设提供思路。

　　本章我们主要介绍了复杂网络在传染病学领域、社交领域、经济领域、电力领域、交通领域等不同领域应用的典型案例。通过对相关案例的剖析，可以发现复杂网络在各领域中的应用存在着共性：一是需要先进行网络建模，用网络表示复杂系统。二是形成的网络规模大，一些系统的节点数可能成千上万甚至上亿。三是网络结构具有复杂性和多元性，随着时间和空间的推移，复杂系统对应的网络的节点数可能会不断地增加。四是通过计算节点及网络的基本参数，能发现复杂系统中的社团分布情况、识别网络中的重要节点、挖掘网络演化规律以及预测并控制网络传播等。复杂网络在具体领域的应用有助于我们更好地认识不同的复杂系统，随着研究的不断深入和技术的不断进步，复杂网络的研究与应用也将不断得到拓展和深化。

四　复杂网络：助力教育

随着对复杂网络研究的进一步深化，复杂网络也逐渐被应用到了教育领域。我们在进行教育研究时搜集到的海量数据、教材中所有知识点的结构、课程目录之间的联系、师生之间的交互等，其实都可以转化成教育网络进行分析。那么这些教育网络是如何构造的？又是如何具体运用复杂网络的参数来分析的？复杂网络的构造是如何使得教育教学研究更为简明便捷的？本章主要介绍复杂网络在这些方面的应用。

基于复杂网络技术的教育研究创新

教育研究是指人们运用科学的方法探求教育的本质，摸索和总结教育规律，取得科学结论，解决教育问题，促进教育事业发展的研究活动。为了使教育研究科学高效地进行，需要借助一些方法或手段。近年来，复杂网络技术的应用已逐渐拓展到教育研究领域。目前，复杂网络技术已经在利用文献网络来梳理教育研究的现状，从而在预测教育研究未来的发展趋势以及探究教材知识结构等教育研究领域中凸显了重要的应用价值。以下将以透视教育研究的现状与趋势、教材知识结构的研究为例，介绍复杂网络在教育研究领域的应用。

文献网络——透视教育研究现状与趋势

文献研究是透视教育研究现状与趋势的重要手段。我们在进行文献研究时，往往需要搜集大量的文献进行梳理、分析、研读，然后得到我们需要的数据。这个工作量是巨大的，过程也十分烦琐，而且得到的数据也常常比较繁杂。为了使研究数据条理化、有规律可循，近年来，许多研究者开始利用复杂网络理论来研究教育文献。这些文献包括学术研究文献、政策文件、教育机构的报告和战略文本等。例如，英国皇家学会（British Royal Society）2011年发布的一份题为《知识、网络和国家：21世纪的全球科学合作》（Knowledge, Networks and Nations: Global Scientific Collaboration in the 21st Century）的报告描述了当代科学研究是如何由研究人员的"自组织网络"驱动的，这些网络以研究者们的科学见解以及他们之间知识和技能的交流为动力，跨越全球，正在将科学的焦点从国家层面转移到全球层面。报告认为，政府必须"利用"这些网络，以确保未来的学术和经济竞争力。

国家发布的教育政策对教育实践有指导性作用，教育政策也传达着特定时期的教育研究趋势。政策通过信息传递、咨询、决策、执行、监测、评价和反馈等子系统传递。这些传输形成了一个多关联网络，有助于交换策略内容和执行权限。随着时代背景的变化，政策信息传递系统在不同阶段具有不同的特点和不同的有效性。因此，了解政策信息传递系统的演变及其影响因素具有重要的现实意义。

现有对政策体系变迁的文献研究主要是定性的，而定量研究相对薄弱，并且大多数都是基于小样本政策文件的分析。大规模的定量政策文献研究以及政策与其对应的政策网络关系的研究还不多见。同时，传统研究方法存在局限，如对政策信息的传递无法有效衡量、与信息交流次数有关的计算不可靠。因此，研究者们选择运用复杂网络分析方法，从大量文献样本中构建政策关联复杂网络。

中国改革开放以来教育政策传递体系的变迁

有研究者（Huang，Wang，Su，et al，2018）收集了1978 年至 2013 年中国中央政府发布的 5793 份政策文件，运用复杂网络对改革开放以来中国教育政策和改革的不同阶段进行了深入的分析。节点代表一个政策文件，节点之间的连接是指政策的引用关系。网络的大小是由相互连接的节点的数量决定的。另外，网络的密度可以通过节点的紧密程度来观察，这表明政策之间的相互关系是紧密的。这项研究使用三个指标来识别网络中的关键因素：（1）接近中心度[1]（closeness centrality），一个节点的接近中心度是该节点与其他所有节点之间最短路径的平均长度，它测量网络中一个参与者与其他参与者之间的距离。（2）中介中心度（betweenness centrality）。（3）特征向量中心度[2]（eigenvector centrality），特征向量中心度高意味着一个节点与更多的节点相连，它衡量节点在网络整体上的影响。

　　通过对复杂网络的特性分析，该研究得出结论：（1）根据教育政策的引用频率将政策关联网络的发展分为六个阶段（图4-1），每个阶段的核心政策可以根据节点的特征向量中心度和中介中心度确定。1978年至1984年，只有少数政策

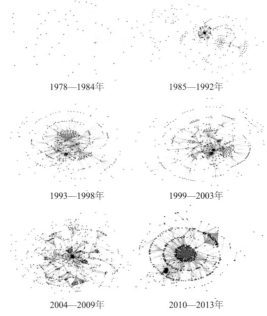

1978—1984年　　　　　1985—1992年

1993—1998年　　　　　1999—2003年

2004—2009年　　　　　2010—2013年

图4-1　中国改革开放以来六个阶段教育政策关联网络
（Huang，Wang，Su，et al，2018）

[1] 在一些文献中也称为"接近中心性"。
[2] 在一些文献中也称为"特征向量中心性"。

与其他政策存在引证关系，而大多数政策相互孤立。随后，1985 年至 1992 年，政策关联网络开始扩大，相关政策的数量显著增加。2010 年至 2013 年，出现了被引用频率极高的"超级政策"，如《国家中长期教育改革和发展规划纲要（2010—2020 年）》，这就形成了一个有突出的中心和许多延伸的连接的政策关联网络，使得政策信息和政治权威的传递具有越来越大的规模和强度。（2）分析网络结构发现，尽管网络规模迅速扩张，总体呈上升趋势，但网络密度却逐渐下降。这是因为除了极少数核心政策在与其他政策的联系和传递方面发挥了关键作用外，许多政策在系统中相对孤立。政策之间的整体信息传递性较差，信息交换的强度、政治权威的转移力度和有效性都随着时间的推移而下降。

上述研究利用复杂网络构建出中国改革开放以来六个阶段的教育政策关联网络，通过网络拓扑结构分析，可以透视一些引用率极高的超级政策，进而可从这些政策中提炼教育研究的热点，以便于紧跟主流研究趋势。

知识网络——教材知识结构的创新探索

教材是教师实施课堂教学及学生掌握知识的重要基础。对于学生而言，他们对教材知识结构的认识是一步步发展起来的，是一种从点到面的进程。优秀的教材知识结构应该帮助学生从零散的知识点中找到与其他知识点之间的关联，从而形成一个能够反映教材整体情况的知识结构。

当今对教材知识结构的研究主要是使用较传统的"编

码－统计"方法，通过设计适当的量表作为研究工具，对教材进行编码分析。然而这种传统的研究方法难以对教材难度、知识间的紧密关联及教材的整体特征等进行有效的分析。在复杂网络理论中，知识网络是一种能够反映知识与知识之间关联的网络，利用复杂网络技术，我们可以将教材进行抽象和模拟，从知识之间的联系入手，构建出能够反映整个教材知识关系的结构图，综合点、线、面三个维度分析教材的整体特征，探讨构建教材知识结构的规律和要求。

在教材知识结构研究中，通常将知识点或学科术语作为节点，将知识点或学科术语间的关系作为边，形成网络以进行分析。复杂网络中用于教材知识结构研究的分析工具有概念图和邻接矩阵两种。概念图可以帮助我们厘清知识点之间的关联，形成知识的结构。然而随着学习的不断深入，学生所学的知识越来越多，如果将整个初中或者高中某一学科所有的知识点绘制成概念图，可能只能看到密密麻麻的点，难以找到所需要的有价值的信息，这时，就需要借助邻接矩阵来对大量数据进行分析。

对于教材的知识网络，我们可以从节点的特征、边的特征和网络的总体特征三个维度来进行分析（孙逸明，2018）。其中，中心度是分析节点特征的重要参数之一。

目前常见的中心度指标有度数中心度、中介中心度和接近中心度三种。度数中心度在教材知识网络中反映为与某个知识点具有直接联系的其他知识点的个数。接近中心度是指网络中某个知识点与其他知识点的亲密程度或距离。中介中心度则反映了某个知识点在整个教材知识网络中的桥梁作用。这三种中心度从不同的角度反映了节点在网络中的重要程度。其中，某个知识点的中心度越大，就越可能为教材的核心知识点。

分析边的特征参数为距离。也就是说，两个知识点间的距离越小，其关系就越密切。对于网络的总体特征而言，常用平均路径长度、聚类系数及平均度来表示。平均路径长度越小，聚类系数越高，证明这一知识点与周围的知识点联系越紧密，越可能处于网络的中心位置。平均度越大，说明教材中知识点的联系越为紧密。

利用复杂网络技术，不仅可以根据以上各种参数对单本教材进行知识结构分析，还可以对不同版本的教材进行比较分析，挖掘不同教材之间的异同点，为教材的编写及研究提供优化建议。同时，比起传统的教材对比研究，复杂网络技术也可以使研究的工作量大大减少，提高研究效率。

中美初中物理教材知识结构的比较研究

根据教材的章节安排可以对教材的表层结构进行分析，然而，想要挖掘教材所包含的知识、情感及能力等深层结构，需要借助复杂网络技术。该研究以中美初中物理教材中的"电与磁""声与光"两部分内容作为研究对象，以教材中的物理用语作为节点，以同一句子中同时出现的用语作为边，借助 Pajek 软件建构一种无加值、无方向的知识网络，也就是一种不考虑节点自身的"大小"、连边的"粗细"及边的方向的网络。用平均度来反映教材知识网络的紧密度。通过统计中美教材的平均度，发现在"电与磁"及"声与光"两部分内容中，美国教材知识网络的平均度都比中国教材知识网络的平均度更大，也就是说美国教材知识网络节点间联系的紧密度比中国教材的要略高一些。同时，利用图论方法，绘制出中美教材的物理知识网络图，如图4-2、图4-3所示。（郑悦，陈宇，崔雪梅，2019；陈宇，韩定乐，李林美 等，2018）

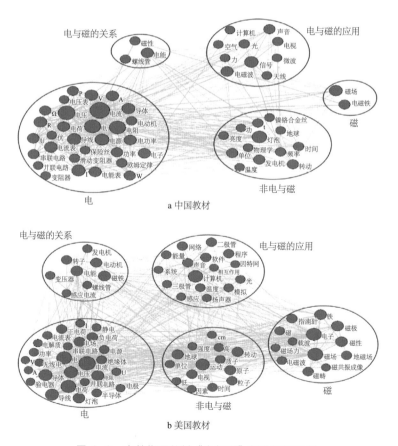

图4-2 中美物理教材"电与磁"部分知识网络

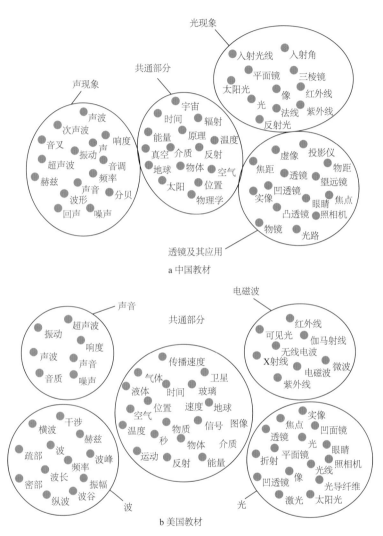

图4-3 中美物理教材"声与光"部分知识网络

通过对中美物理教材知识网络进行对比分析可得到中国与美国教材间深层结构的差异性。首先，在"磁"、"电与磁的关系"及"电与磁的应用"三个部分中，美国教材的节点数比中国教材的多，说明中国教材的用语明显不如美国教材的丰富。其次，从不同部分知识网络中节点的个数多少可以看出中国教材"电与磁"部分的内容分配更多地强调"电"，在"声与光"部分更多地强调"光"。而美国教材更加注重知识间的紧密联系，"电与磁的应用"部分用"波"将"声"、"光"及"电磁波"三个章节内容结合起来。

从以上利用复杂网络技术进行的分析可以看出：中国物理教材"少而精"地强调重点内容，有利于对知识的拓展研究；美国物理教材"广而全"地强调知识的联系，有利于对知识进行有效整合。两国的教材从属不同的教材体系，各具特色，但通过对两国教材知识结构的对比分析，也可以为我国的教材研究提供一定的启示或建议。例如，要加强知识间联系的紧密度，帮助学生建立起知识的内在联系，注重内容的均衡性及用语的丰富性，等等。

基于加权网络的韩国《科学》
教材知识结构的比较分析

该研究以韩国的两本模块型高一《科学》教材及两本融合型高一《科学》教材为研究对象，以科学术语作为节点，连边的权值为两个术语在整本教科书的同一个句子中同时出现的次数，通过次数来表明术语间的紧密程度。将有 N 个节点的网络连接起 $N-1$ 条边。从权值最大的连边开始，按照权值逐渐减小的顺序依次进行连接，如果在连接途中某条边形成环状结构，则不连接该边，从而构建起一个无环的骨架网络，借助 Pajek 软件画出该骨架网络，如图 4-4、图 4-5 所示。（郭优，卢海萍，曹铷 等，2015）

忽略网络节点之间的边的"粗细"，认为每条边都相同的，便将该网络叫作无权网络；而如果人为地给网络中的每条边赋予不同的权值，那么该网络可称为加权网络。研究加权网络有利于我们了解知识网络的结构，构建教材的无环骨架网络[①]。另外，通过比较两种不同教材的平均度，可以知道融合型教材的平均度更大，说明融合型教材的知识网络的紧密程度更大。挖掘其内在原因，即融合型教材中科学术语是在更大的范围内与其他术语相关联的，而在模块型教材中其科学术语仅在模块内部相关联，在模块之间则无联系。由图 4-4 和图 4-5 也可以看出两种不同教材

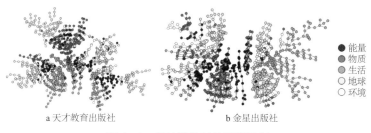

a 天才教育出版社   b 金星出版社

● 能量
● 物质
◑ 生活
○ 地球
○ 环境

图 4-4 模块型教材的骨架网络

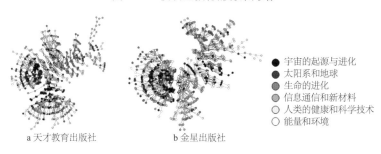

a 天才教育出版社   b 金星出版社

● 宇宙的起源与进化
● 太阳系和地球
● 生命的进化
◑ 信息通信和新材料
○ 人类的健康和科学技术
○ 能量和环境

图 4-5 融合型教材的骨架网络

---

① 无环骨架网络即将网络的全部两边由权值最大的连边开始按照权值逐渐变小的顺序进行连接，连接途中如果某个连边形成环状结构，那么不连接该边，最终构建出无环的骨架网络。

的骨架结构具有不同的特性。首先，在核心术语方面，模块型教材的骨架网络中有多个中心度较大的节点，证明模块型教材具有多个核心术语，而融合型教材只有一个中心度较大的节点，说明只有一个核心术语。两种教材骨架结构的不同导致融合型教材知识结构的术语之间的平均距离比模块型教材知识结构的更小，也就是融合型教材知识网络中术语之间的联系更加密切。其次，在相同主题的术语之间的连边，模块型教材中较多，而融合型教材中则较少，证明模块型教材模块内部的紧密度较大，而模块与模块之间的关联性较低，这与前文的分析相一致。

当今的课程教材改革倾向于对知识进行有效的整合，基于加权网络的教材知识结构研究，让我们看到了韩国高一融合型《科学》教材知识结构的特征，为我国的教材结构分析、编写及研究提供了参考。

整体来看，现有的利用复杂网络技术分析教材知识结构的研究还较少，大多仍处于探索阶段。在今后的研究中，可以继续探索有向网络①在教材研究领域的应用，使教材知识结构的逻辑线索更加清晰。例如，研究者在提取出教材的知识点之后，定义教材中知识点之间的逻辑关系，规定若两个知识点之间是并列关系则有双向连边，若两个知识点之间是上下位关系则有单向连边。再将知识点之间的连边关系进行编码，把数据导入 Gephi 软件中生成图谱，可以清晰地呈现教材知识结构的逻辑线索（图 4-6）。其中从

---

① 网络中的连接可以是无向的，也可以是有向的。如果一个网络中所有的连接都是有方向的，称为有向网络；如果其所有连接都是无向的，则称为无向网络。

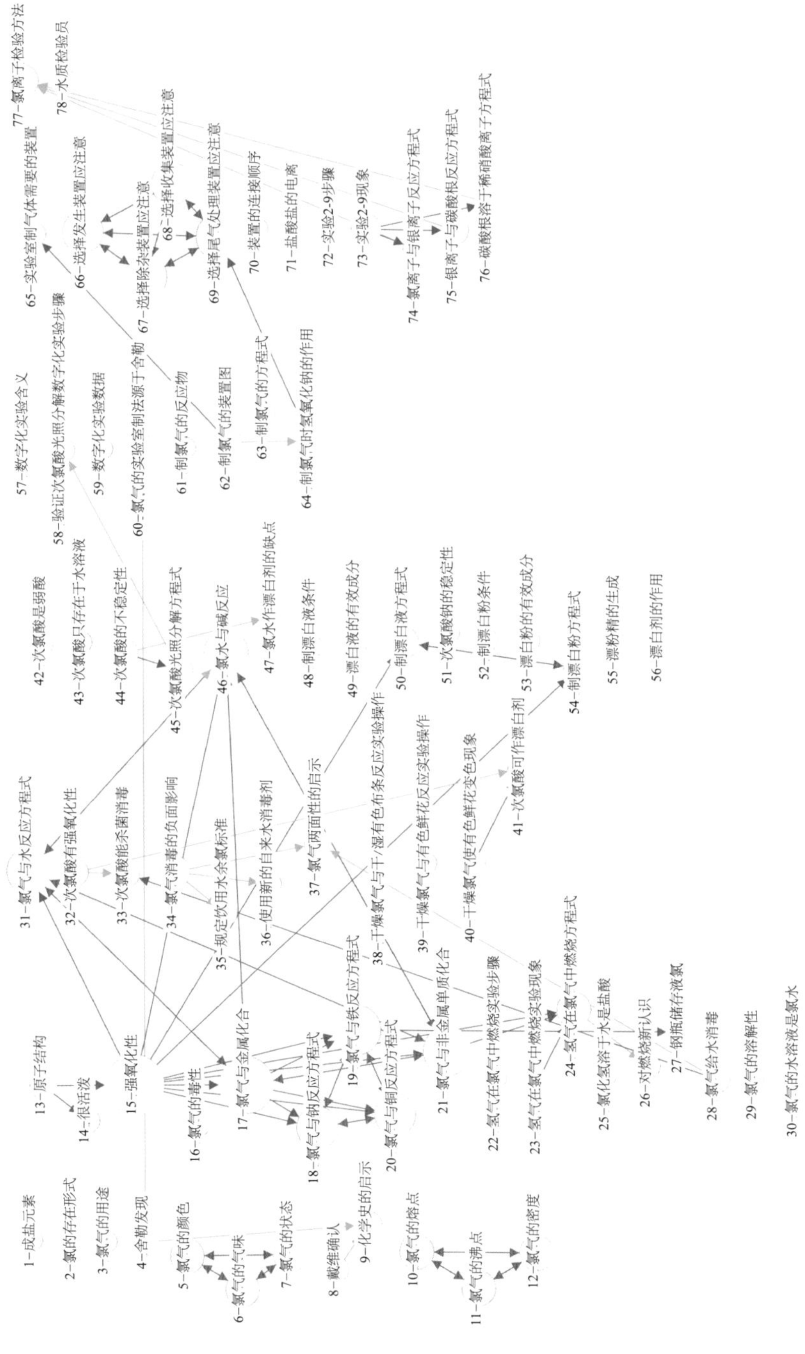

1-成盐元素
2-氯的存在形式
3-氯气的用途
4-舍勒发现

5-氯气的颜色
6-氯气的气味
7-氯气的状态
8-戴维确认
9-化学中的启示

10-氯气的沸点
11-氯气的毒性
12-氯气的密度

13-原子结构
14-很活泼
15-强氧化性

16-强氧化性
17-氯气的毒性

18-氯气与铜反应方程式
19-氯气与铁反应方程式
20-化学中的启示

21-氯气与金属单质化合
22-氢气在氯气中燃烧实验步骤
23-氢气在氯气中燃烧实验现象
24-氢气在氯气中燃烧方程式
25-氯化氢溶于水是盐酸
26-对燃烧新认识
27-钢瓶储存液氯
28-氯气给水消毒
29-氯气的溶解性
30-氯气的水溶液是氯水

31-氯气与水反应方程式
32-次氯酸有强氧化性
33-次氯酸能杀菌消毒
34-氯气消毒的负面影响
35-规定饮用水余氯标准
36-使用新的自来水余氯标准
37-氯气的自来水消毒剂

38-干燥氯气与有色布条反应实验操作
39-干燥氯气与有色鲜花变色实验现象
40-干燥氯气使有色鲜花变色现象
41-次氯酸可作漂白剂

42-次氯酸是弱酸
43-次氯酸只存在于水溶液
44-次氯酸的不稳定性
45-次氯酸光照分解方程式
46-氯水与碱反应
47-氯水作漂白剂的缺点
48-制漂白液条件
49-漂白液的有效成分
50-制漂白液方程式
51-次氯酸钠的稳定性
52-制漂白粉条件
53-漂白粉的有效成分
54-制漂白粉方程式
55-漂粉精的生成
56-漂白剂的作用

57-数字化实验含义
58-验证次氯酸光照分解数字化实验溶液
59-数字化实验数据
60-氯气的实验室制法来源于含氯
61-制氯气的反应物
62-制氯气的装置图
63-制氯时制氢氧化钠的方法
64-制氯气的有效条件

65-实验室制气体需要的装置
66-选择发生装置应注意
67-选择除杂装置
68-选择收集装置应注意
69-装置的连接顺序
70-装置的连接电路
71-盐酸的电离
72-实验2-9步骤
73-实验2-9现象
74-氯离子与银离子反应离子方程式
75-银离子与硝酸根离子反应式
76-碳酸根溶于稀硝酸离子方程式

77-氯离子检验方法
78-水质检验员

图 4-6 教材知识结构有向网络

左到右是依据知识点所在的页码由小到大排列，从上到下是依据知识点在教材同一页中出现的先后顺序排列，一页中的知识点只出现在同一列中。解析此图可以得到教材知识结构的一些特征：知识点之间连边的有无、连边的方向、连边的种类（即知识点之间关系的种类）等。

我们还可以探索复杂网络技术在教材跨学科领域研究中的应用。以研究化学教材中的理科跨学科知识结构为例，研究者首先提取出化学教材中的知识点，对属于化学和其他理科学科的知识进行分类编码。再进行知识点之间的连边，对具有不同含义的连边分别编码。最后将编码数据导入 Gephi 软件，生成相应的图谱（图 4-7）。可知化学教材的其他理科跨学科知识结构的一些特征：从知识点的颜色分布可知化学知识与其他理科学科知识的分布、占比，从两类知识点之间的关系类型可知其他理科学科知识在化学教材知识结构的建构上发挥的作用。由此可以探索化学教材在跨学科知识结构建构方面的特征与合理性。

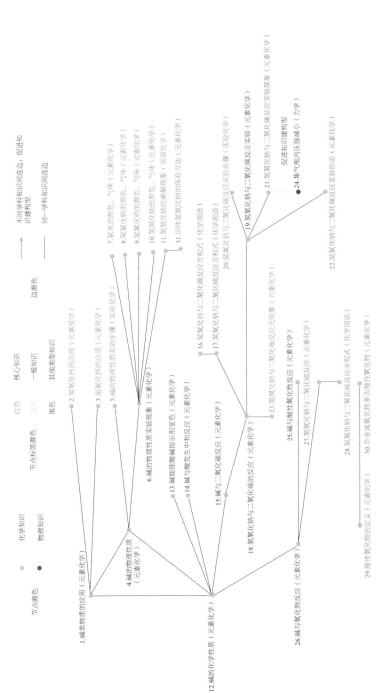

图 4-7 化学教材的理科跨学科知识结构

基于网络号脉学校课程规划与教学实践

实现更好的教学效果，使每一位学生获得适合自身的发展是学校教育一直追求的目标。教育系统以人为主体，众多的其他元素，如课程设计、教材、教学等也包含其中。面对这样的复杂系统，已有研究考虑到利用复杂网络技术以更好地实现教育系统的功能，即根据不同的目的构建不同的教育网络。通过网络展现系统内部元素的关联，认识教育系统的规律以实现更好的学校课程规划以及促进教学实践水平的提升等。下面我们将以几个具体的例子说明教育网络构建的意义。

教师、学校网络——加强校际合作与交流

教育领域中的组织间网络（机构内和机构间的教师、学校的合作交流）是教育网络中重要的一种。这种组织网络的研究已经成为政策格局研究的一部分。特别是自 20 世纪 80 年代中期以来，受到国家政策的大力鼓励，许多教育机构纷纷组建或加入网络。今天，这些组织形式被视为"实现教育改革的新战略"。

教育中的组织间网络，包括同盟、联盟、协会、联合会、发展集团等，它们的规模千差万别。教师网络可以是 3—4 个同事组成的小组，他们在一个特定的学科体系里一起计划课程；也可以是更广泛的教师群体，比如中国教师

教学研究会。学校网络也可以是位于特定地理区域的4—6所学校的小规模集合乃至全国范围的系统。创建和发展教师和学校网络的倡导者认为，教师和学校网络可以成为打破教师课堂和制度隔离的有力工具，并且它们具有"真正影响教育实践的巨大潜力"。

可将教师和学校作为网络的节点，将教师之间、学校之间的联系视为连接，研究这一类教育网络的特性。通过分析节点聚类系数，可以发现，如果聚类系数大，则表明教师、学校之间维持着广泛的、互惠的信息和资源交换，存在一种密集而"浓厚"的互动模式。反之，如果聚类系数小，会出现与其他网络成员没有任何联系的孤立行为体（例如，学校中从不与学校同事分享专业材料或想法的教师，或是正式成为网络成员的学校却从不为网络内正在进行的交流做贡献）。进一步对网络的介数进行分析可发现，介数大的节点在网络中承担着重要的中介作用，可以形成由此节点向四周发散的结构模型。可以将此节点视作组织网络中的重要联络点，即可以承担决策者或管理者的角色。它们的目的是充当改革思想的传声筒，通过网络向学校发散信息，传播发布的决策，也可以相对减少反对者的声音。研究这些孤立的或是集中的节点所占的比例可以为分析网络的性质提供信息，确定它们的特点、分析背后的原因进而揭示真正的网络形态。

名校联盟，合作共赢

在美国，常春藤联盟大学被作为顶尖名校的代名词，美国常春藤联盟在世界范围内也享有盛誉，堪称世界上最为著名的高校联盟。常春藤联盟大学包括哈佛大学、宾夕法尼亚大学、布朗大学、哥伦比亚大学、康奈尔大学、达特茅斯学院、普林斯顿大学以及耶鲁大学。

常春藤联盟最早指的是非正式的大学橄榄球赛事，起源于1900年，当年耶鲁大学捧得首个冠军。据称，因为美国最古老、最顶尖的学校建筑物往往被常春藤所覆盖，所以一位纽约撰稿人在1937年创造了"常春藤联盟"一词。1945年，美国东北部8所大学的体育教练签署首个《常春藤协议》，为8支参赛的橄榄球队设立了学术、财政和运动等各项标准。这项协议在1954年被扩展到其他所有的运动，这一年被认为是常春藤联盟正式诞生的年份。

常春藤联盟促进了各院校间的相互合作、资源共享和交流学习。常春藤联盟大学治学严谨，校风优良，学生优秀，为美国乃至世界培养出了一大批的创新人才。它的成功促进了世界范围内其他高校联盟的形成，如中国九校联盟、英国罗素大学集团、德国U15大学联盟等。

在上一章中，我们提到了关键节点这个概念，在教育机构网络中它同样适用。网络一旦形成，它便是一个具有统一性的整体，关键节点可以起到榜样作用，各成员凝心聚力，朝着共同的目标奋进，可以实现集体利益最大化。但网络碎片化的可能性也是真实存在的。这是因为在一个大型的教育网络中，各个学校可以划分为一个子集，其内部凝聚力远远大于其与更广泛的网络的联系，此时分裂就会出现。正如布舍（H. Busher）和霍金森（K. Hodgkinson）所指出的，教育网络面临着不断走向分裂的压力。（Busher，Hodgkinson，1996）（1）一些成员组织抵制集体行动，并渴望保持其自主性；（2）另一些成员组织看到加入其他网络的额外优势，从而被其他网络所诱惑；（3）还有一些成员组织认为，参与网络的成本太高，难以承受。随着时间的推移，有离心力超过向心力的危险。当这种情况发生时，一个网络就会被分解成不同的部门和个人，而这些节点一旦脱离组织，就会造成连锁影响，影响组织的整体利益。

课程网络——挖掘教育数据

以往的教育数据研究，过程烦琐且工作量大，近年来大规模教育数据电子化和数据挖掘方法不断涌现，尤其是以复杂网络方法挖掘大量教育数据中隐藏的模式和规律，已经取得了丰富的创新性成果，如课程推荐、成绩预测以及在线个性化教育等。

课程网络是包含学校课程目录中的知识系统的网络视图，是一类备受关注的教育网络。课程设置的科学性和有效性是人才培养质量的关键。在学生时代大多数人会发出这样的三连问："为什么要学这门课？这与我们专业相关吗？这对我今后的发展有意义吗？"当前我国许多高校的课程设置确实存在一些问题：课程结构缺乏整体的教学主线和思路；课程内容设置不合理；理论与实际脱轨。

当前的课程目录数据非常丰富，能显示出各个课程之间的对应关系。厘清课程之间的关联，合理设置课程，形成高品质的课程网络，对教育实践有着重要的实际意义。

本笃会学院课程目录分析

有研究者（Preston, 2015）将美国本笃会学院的 53 个本科专业、13 个硕士专业、2 个博士专业的课程目录生成网络进行分析。节点代表课程，连接代表课程之间的联系（如在 B 课程之前学过 A 课程即可进行连接）。对课程网络特性进行分析发现：（1）平均路径越长，表示将两门课程分开的步骤越多，那么学生就越有可能将前面课程中所习得的内容遗忘（除非以后的课程中有强化的机会）。（2）节点度越大的课程，意味着它很可能是所有课程中的核心课程，这些课程是学习许多其他课程的先决条件。（3）中介中心度大的课程往往充当着所有课程中较核心但又孤立的区域之间的桥梁或管道。

对课程网络拓扑结构所产生的信息流进行评估，可以准确地知道任何一门课程如何与当前课程目录中的另一门课程相联系，以及所有课程在整个学校中的整体联系。利用网络拓扑结构的方式呈现的核心课程和边缘课程的结构，不仅能够为专业课程设置的合理性提供有效的科学依据，而且可作为大学新生的课程"导航"图，为教学管理者、教师和学生提供宏观的参考。当然，此方法也可以延伸到中小学课程结构的评估，为课程改革提供重要参考。

学习者网络——反映学生交互关系

利用复杂网络技术可以对学习者的学习社交网络进行分析，比如学生合作学习的协作关系分析、班级关系分析、学生网络社交的交往关系分析等。在学习者网络中，将学习者作为节点，对学习者之间的交互关系进行连边，与某节点存在连边的节点称为它的邻居，某个节点与其他节点的连边总数称为该节点的度，节点的度越大表示学习者参与的讨论次数越多（图4-8）。利用复杂网络的参数和特征进行对应分析可以把握学习者的社会关系与交往规律。

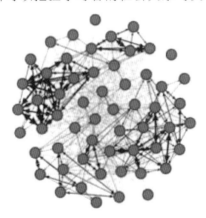

图4-8　学习者网络概览（金珍，李小玲，2019）

对于线下学习中的人际交互关系，主要通过问卷调查、访谈等方式进行数据采集；对于网络环境下的学习交互数据，如Coursera、中国大学慕课、网易公开课、可汗学院以及其他各院校研发的在线学习平台等的交互数据通常按照一定的格式存储在学习系统中。此外，随着大众社交媒体的快速发展，如Twitter、YouTube、脸书、微博、微信、

QQ 等社交平台都记录了大量学习者的交互数据，学习者会依据学习兴趣或主题形成虚拟学习社区，这些关系数据均可利用相关程序进行自动抓取。任何研究分析都离不开优质工具的支持，而用来描绘和分析学习者社会网络的工具包括：UCINET、NetMiner 等，适用于分析节点较少的网络，可对网络进行可视化处理；Gephi、Pajek 等，可进行大型复杂性网络分析和动态网络分析；NoteXL、NetworkX 等，是嵌套于其他类型工具中的数据分析包；SNAPP、ORA 等，专门用于分析在线学习环境中的论坛交互数据。

QQ 空间的点赞之交

研究者采集了一个班级 51 名学生一学年的 QQ 空间点赞数据，把学生作为节点，以点赞关系为边（点赞学生为源点，被点赞学生为目标点），以点赞次数为边的权重，构建了具有 51 个节点的 QQ 点赞关系网络（图 4-9）。分析表明 QQ 空间点赞关系网络具有社团结构，同一社团内成员在教室的座位分布较散，其重要节点大多是班干部或活跃分子，在教室的座位分布较集中。班级成员的 QQ 空间点赞关系网络分析可以用于遴选班干部以及划分小组。（杨茂云，陈倩宇，王改革，2018）

在线互动学习涉及学生之间的交互行为，是一个典型的复杂网络，其网络结构已非简单的线性关系能够描述。因此，可以利用复杂网络模型来揭示并解释在线学习者的交互规律。将在线学习者抽象为节点，将他们之间的交互

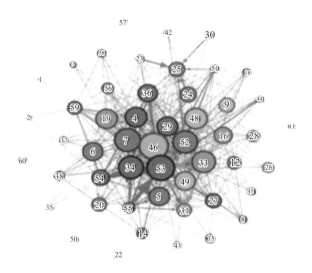

图 4-9　QQ 点赞关系网络

关系抽象为连边，可以勾勒出在线学习者交互关系的复杂网络结构，并按照复杂网络的参数和特征研究这些点和线之间的关系，把握交互规律。

在线课程中学生交互行为的网络结构分析

研究者选取了华中师范大学线上课程中师范生通识课"教师职业发展与心理健康"的 47 名学生的在线交互数据。节点表示在线交互中的成员，节点间的连线表示成员之间的发帖、回复等交互行为。从图 4-10 中可以看出学生之间产生了频度有差异的交互，部分学生处于网络的中心位置，说明其比较积极、主动地参与交互，处于边缘的学生的参与交互程度则较低。

分析表明，该网络密度为 0.16，说明网络学习空间中的学生间交互较多，已经形成了相对紧密的网络。通过对节点

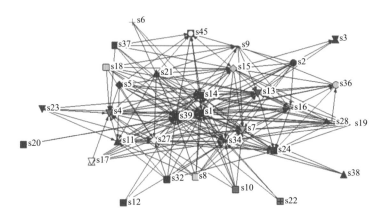

图4-10　网络学习空间中的交互网络结构

中心性的分析，可以发现有些个体居于网络中心，如s39、s34、s14等，他们是核心参与者，对于交互的氛围具有引领、激发、活跃等作用，将其他参与者凝聚起来，在交互网络中具有重要的节点作用。而有些参与者，如s22、s20、s3等，他们是边缘参与者，参与到交互中的次数较少，缺乏参与交互的积极主动性，更没有主动提出问题。这些边缘参与者需要教师、核心参与者的关注、帮助，以使他们找到在网络学习空间中交互的归属感与成就感，进而积极主动地参与到交互中。（梁云真，赵呈领，阮玉娇 等，2016）

研究在线课程中学生的交互行为可以帮助我们认识，网络空间的学习中，学生是如何表达、交流与协商，如何实现交互的。研究核心参与者与边缘参与者交互的特征及其异同，可以为研究者和教师在设计和实施在线课程时对促进学生交互以实现知识建构提供理论上的指导与数据上的支撑。

改进教学实践的其他教育网络

在传统的教学模式中，由于大班教学以及教材以外教学资源的获取相对有限，很难对每一位学生做到针对性、个性化教学。利用复杂网络技术探索教学资源网络的建立、个性化教学等，对发展自适应教学有重要意义。我们从以下几个方面来举例说明。

从我们最熟悉的线下课堂说起，如何从众多的教学资源中获取有用的资源以帮助教学，是广大教师一直面临的难题。如果能将某一领域的相关资源整合分类，以此作为教师的教学工具，教学资源就会得到充分利用。对此，复杂网络可以为我们提供一些思路与操作办法：将由专家筛选出的最重要概念与术语作为节点，结合一些其他检索程序从各种来源（如教科书、报告、网页等）中检索某一领域（如中医药领域）的信息并对其进行筛选，将合格的资源储存入数据仓库。再根据这些资料，建立以主题词为节点的复杂网络。（Shih B-J，Shih J-L，Chen，2010）从这些不同领域的复杂网络中，我们可以轻易地看到哪些属于关键节点，联系了最多的知识点。这可以帮助教师把握教学要点，也可以帮助学生更好地梳理重难点。除此之外，可以根据自己需要的某一主题词找到相关的知识点，根据节点之间的关系找到促进理解所需节点的关键知识点。

了解学生学习了哪些知识，并如何将它们加工成知识框架也很关键。通过复杂网络技术可以测量学生的知识结构，如某节课后，教师布置相应学习任务给学生，此任务中包含本课程内必须掌握的关键知识点。只显示网络中本节课知识点间最直接的路径或显示两个关键术语之间最显著的联系，构建关键的知识图谱，这就形成了所谓知识点的基准框架。再从学生的任务成果中提取出每个学生自己的知识框架。通过与基准框架比较，就可以清晰地看出，学生对此领域内的知识点，哪些未建立联系，哪些建立了错误的联系，即显示出学生对此领域内现有知识的掌握情况。学生也通过对自己知识结构的检视反馈进行反思，增强自主学习能力与积累学习经验。同时这也有利于教师了解学生的知识框架，调整教学内容或过程，改进教学方法和教学策略。

除了课上教授外，课下尤其是网络上的海量资源也为学生学习提供了不少支持。复杂网络技术应用于课外资源管理也对教学实践有重要意义。它可以使知识传播更有针对性，实现资源个性化推荐。复杂网络中对个性化推荐的定义是：类似节点权重相同，且具有相同的出现概率 P。在线学习或远程教育中，根据学习者的浏览记录按一定算法记录形成其偏好，再按照算法计算搜索内容与偏好相似性，实现个性化推荐。（徐晓 ，张清，张玉来 等，2014）一些学习态度积极以及对自己学习需求非常明确的学生，会通过检索、查询等方式主动获取知识。但对于习惯被动获取资源的学生，个性化推荐主动推送可能符合其需求的信息，提供更加个性化和智能化的服务，这在学习者自身对学习内容、自身需求尚不明确的情况下，会极大缩短资源获取时间，提高学习效率。事实上，目前我们对个性化推荐已不陌生：当你遇到一个不会的题目，随手打开某搜题软件，解决完你的问题，软件会通过已形成的网络中度相似的节点、邻近的节点或相邻的关键节点进行推送，你便可以在"类似题目"推荐中再次熟悉相关知识点；音乐软件也依靠你搜索留下的印记为你推荐可能喜欢的音乐。我们已经可以在部分生活情境中（如音乐个性化推荐）体会到资源个性化带来的便利，它将我们与有相同爱好的人联系在一起。对于教学来说，它也能将具有相同学习习惯或学习水平特征的学习者组织在一起，为个性化教学提供了更多可能。

合作是必不可少的，当课堂或课下学习需要协作时，复杂网络技术也可以提供一些必要的帮助。可以通过复杂网络研究各个学习者之间如何实现最短连接与最快捷交互。构建协作者间的知识网络，运用平均路径长度可以断定点之间的密切程度以及寻找知识协作的最短途径，加快信息有效传播。通过平均聚类系数判断协作者间的紧密程度，寻找协作者中的意见领袖，如找到班级或讨论组中的领导者。

除了传统的线下课堂，远程教育（网络教育）迅速发展，极大地丰富了教学形式，增强了知识的共享性，为许多人提供了学习的新途径，使得终身学习成为可能。将资源分布的网站等简化为节点，以联系为边，构成的远程教育网络具有复杂网络的性质（徐晓，张清，张玉来 等，2014），对其进行分析可以在一定程度上优化远程教育。如某一节点（某一知识来源的网站/资源）"出度"偏小（网站内容输出偏少）则说明其由于网站未更新等没有获得较多的关注。筛选出重要信息，并将其放在度值较大的节点，可以在一定程度上解决检索困难的问题。有人还利用复杂网络技术对远程教育中教师指导的作用进行了分析。

远程教育中教师指导的作用分析

研究者随机选取了某网络学院开设的一门在线培训课程。根据教师对学习过程的干预情况，将班级分为接受弱干预的班级和接受强干预的班级两组，在两组中各随机选定一个课程已经结束的班级。两班级除在线下开学典礼见过一次外其他课程作业等均在网络平台上进行。接受弱干预的 A 班：教师只在课程通告区内发布课程安排等常规通知，在讨论区内发起讨论主题并回答学生的问题。接受强干预的 B 班：教师与学生间的沟通非常频繁，教师在讨论区内对学生不断进行引导与鼓励，且使讨论内容在最终成绩中占较大的比例，以此来督促学生。

在两个样本班级中，将在线学习者和指导教师抽象为独立的点，将他们由帖子的回复构成的交互关系作为边，按照如下规则建立网络拓扑结构：学生自己回复不算边，两个学员间多次交互只算一个边，自始至终不发帖不回帖的人被当作孤点剔除。由此得出结论：A 班网络是典型的无标度网络，即大多数学习者在线异步交互（基于网络的学习中普遍使用的方法，即发送一个请求，不需要等待回复，随时可以发送下一个请求）不活跃，与其他节点的链接数小。少数学习者非常积极，自己踊跃发帖且常常回复其他人的帖子，而教师出于职责也与这类学生频繁互动。它们就成了少数的几个超级中心节点。

但是接受强干预的 B 班网络并不遵从幂律分布，这说明干预有明显效果，即虽然仍有少数学习者交流水平较低，但大多数学习者由于在督促下较为积极地参与互动，都拥有较为平均的链接数，形成比较均匀的网络。学生之间经常交流，会使熟悉程度提高，这又会进一步提升交流频率。（张超，祝智庭，2009）

这说明在远程教育中，教师的及时干预是非常重要的。我们也可以通过构建这样的复杂网络来检验网络课程中教师干预的有效性，来保证与督促学生学习。

总而言之，通过获取不同的数据构建复杂网络，能够为课程规划与教学实践提供诸多新的思路，提高教学质量，促进学生更有个性且全面地发展。

本章主要介绍了复杂网络在教育教学领域的应用，展现复杂网络技术在该领域发挥的积极作用，并利用几个典型的案例来呈现具体的应用情况，这有助于我们更深刻地理解教育网络所显露出的巨大应用价值。通过对教育网络的剖析，对节点和边的关系的把握，我们可以透视教育研究热点，比较不同教材的知识结构，从而实现教育研究创新；我们也可以利用复杂网络图谱和数据，探讨学校、教师关系网络的建立，课程的建设与优化，学习者的社会交互关系，进行自适应教学的探索，进而指导教学实践。事实上，复杂网络在教育领域的应用才刚刚起步，就已取得了不少创新性成果，而恰恰也是因为它的研究还不够成熟，所以值得我们今后持续关注和探讨。

五 复杂网络的未来走向

复杂网络发展至今已有20多个年头，在社交、交通、电力、经济等现实领域的应用越来越广泛。未来复杂网络会在哪些领域继续深化？又会在哪些未知领域发挥作用？本章将从网络模型的优化、复杂网络技术的革新及与其他领域的融合三个方面介绍未来复杂网络的走向。

网络模型的优化

　　近年来，网络模型的研究已成为理解社会网络、交通网络、经济网络等复杂网络的重要基础。除了运用复杂网络技术建立模型、分析模型之外，还可以利用分析成果来对已建立起的模型进行继续优化，使之更加符合真实网络的特征。下面以信息传播模型的优化及教材知识结构的优化为例，展示网络建模优化的未来方向。

信息传播模型的优化

随着信息时代的来临，在线社交网络已经很大程度上成为人与人之间传播信息的载体，在线社交网络与传统媒体相比，具有信息传播速度更快、范围更广、影响力更大的特点。信息传播过程的研究通常是将在线社会关系抽象成一个复杂网络，建立合适的信息传播模型，尽管现有的信息传播模型研究已取得了大量成果，但仍存在较大的进步空间。因此，基于复杂网络技术对信息的传播模型进行优化，是当今复杂网络领域的研究热点，同时也是一个非常值得研究的方向。

网络信息传播模型主要分为三类：传染病传播模型、计算机病毒传播模型及谣言传播模型。（徐涵，张庆，2020）常见的传染病传播动力学模型在本书第三章中已有介绍，经典的传染病模型主要有 SI 模型、SIR 模型及 SEIR 模型等。基于传统的传染病模型，结合人口流动、时效性等其他因素，有研究者进行了改进，从而使之更贴近真实传染病的传播。由于计算机病毒传播与谣言传播、传染病传播具有相似规律，可以将传染病模型应用到网络信息传播中。

近年来，对谣言传播模型的研究主要集中于舆论控制、谣言传播及情绪传播三个方面，新的研究理论和成果不断涌现，但在线社交网络模型依然有许多问题值得我们去探索及优化。基于对近年来信息传播模型研究成果的深入分析，我们提出今后信息传播模型的优化方向。

从静态网络到时效网络

目前大多数的信息传播模型研究主要是针对聚集的静态网络或动态网络中某一时刻的快照来进行的，这些研究忽略了实际的在线社交网络是一个典型的时效网络，人与人之间的信息传播会随着时间的变化不断地发生演变。例如，第三章提到，在应对新冠肺炎疫情的过程中，使用不同日期的新增病例数据预测疫情的拐点，所得到的拐点具有一定的差异性，并且越新的数据对于预测而言准确度也会越高。此外，将网络的时效性应用于传染病的免疫问题研究具有较大的价值，可以用来衡量免疫的效果。（李靖，李聪，李翔，2019）

除了流行病的防疫策略，诸如谣言传播的溯源与抑制、评估区域经济影响力及发展潜力、推荐系统设计等现实世界中的各种实际应用场景，都可以用时效网络模型来进行研究。

从单层网络到多层网络

在真实世界中，网络信息的传播是一个非常复杂的过程，涉及多种不同网络之间的相互作用。现实世界的网络往往是多层的，这种多层网络被称为"网络中的网络"或"超网络"。以微博这一社交平台为例，其用户不仅存在着朋友关系，还存在着评论关系及转发关系等多种类型的关系，每种关系构成一层网络。(陈可佳，陈利明，吴桐，2020) 许多的复杂网络都可以视为超网络，例如：国民基础设施超网络包括电力网、海陆空交通网、信息传输网及社会关系网等多个子网络；"物联网"是以互联网为基本框架，由交通网、电力网、物流网等多种不同网络组成的。(方锦清，2016) 在真实世界中，分析传染病的传播也是通过多层网络来进行，传染病的传播除了涉及社交网络，还涉及接触网络、交通网络等。这几种网络之间存在着相互作用，需要共同分析才能更贴近真实的传染病传播。基于多层网络的复杂网络分析逐渐成为该领域研究的新课题。

尽管近几年来多层网络已经开始作为研究复杂网络的视角引起越来越多的关注，但由于网络的类型、网络的规模及网络的演变等多个方面的复杂性，使多层网络视角的研究仍面临诸多挑战。

从宏观视角到宏观与微观结合

当今的网络信息传播模型的探索大多基于传染病模型，然而病毒的传播与信息的传播虽存在一定的相似规律，但信息的传播与人的行为有关，具有微观动态的复杂性，这使得信息的传播比病毒的传播更加复杂。传染病模型往往只关注了系统宏观层面的整体特征，而忽略了个体自身所具有的微观属性和特征。(张鹏，赵动员，梅蕾，2020) 个体本身所具有的属性也可以作为模型参数的一部分。例如，在实际情况下，由于用户在白天会比在夜晚更加活跃，所以用户在白天发布的信息平均会比在深夜发布的信息获得更多的转发和评论，但是也有个别用户为"夜猫子"，更喜欢在深夜发表评论。从宏观与微观结合的视角来研究网络，能使建构的网络信息传播模型更加完善。

除了通过转变视角来优化网络信息传播模型，由于信息传播之间还存在着相互促进作用，所以博弈论等相关理论也可以用于网络信息传播模型的优化过程。这些研究方向不仅适用于在线社交网络的信息传播，在其他领域中也同样适用。

教材知识结构的优化

从第四章中教材知识结构的创新探索中我们已经知道，当前基于复杂网络技术的教材知识结构相关研究较少，且现有的研究大多数采用无权无向网络①来进行。然而使用无权无向网络虽然可以简化研究过程，但该网络缺乏层次性和结构性。第四章的案例三介绍了基于加权无向网络来研究教材知识结构，可以看出，用加权无向网络研究教材知识结构，体现了教材的层次性，能较好地体现教材内部知识点的主次关系，也就是权重越大，证明该知识点越重要。现有的研究中有少量是基于无权有向网络来对教材知识结构进行研究的。以图5-1为例，可以看出，每个单元的知识与多个单元存在着关联，箭头的指向也表明了这些单元之间学习的先后次序，四周的单元均指向中心的"教育技

---

① 有向、无向网络及加权、无权网络在前文已介绍过，权重和方向可以同时用来描述网络特征。其中，无权无向网络即无加权无方向网络；无权有向网络即无加权有方向网络；加权有向网络即有加权有方向网络。

术学概述"单元，也表明了该单元是最先学习的单元，为本教材的基础单元。

图5-1 基于无权有向网络的教材知识结构图（刘景霞，2019）

目前大多数教材的知识结构均基于无权无向网络，极少数基于加权有向网络。加权有向网络的优点在于它从连接的强度和连接的方向两个方面来加以考虑，可以清晰完整地展示出课程中两个知识点间关联的紧密度以及知识点之间学习的先后顺序，从而体现出该课程知识的顺序性及层次性，展示出整体知识结构的主次关系和承接关系，使得学生学习的主线及学习思路更明确。因此，基于加权有向网络的教材知识结构研究是未来主要拓展方向。第四章也对网络建模的连边方向和逻辑更加清晰地呈现两方面做了一定的尝试。

复杂网络技术的革新

运用复杂网络理论分析现实网络的过程涉及诸多技术

108

手段，如网络算法、网络参数、网络结构优化等，以此实现对复杂网络的细致描摹。随着对复杂网络研究的深入，以上分析方法及运用也在不断优化与拓展。

算法优化——以链接预测为例

在现实生活中，经常会因为新节点或链接的加入与消失导致网络的拓扑结构和某些表达信息不断地发生演化（如中心节点的改变等），因而我们对网络特性的分析也要随之改变。所以在分析和挖掘网络演化的信息时，链接预测成了一项非常重要的任务。链接预测的任务是探测潜在的但尚未被观察到的链接，或者根据已知的网络结构信息来预测潜在的链接。

作为复杂网络分析中的一个重要维度，链接预测在诸多领域中得到了广泛的应用。在生物信息学领域的研究中，链接预测在研究生物的基因与疾病的关系、蛋白质相互作用等生物网络中有着很重要的实用价值，有利于预防和治疗人类的疾病。在电子商务领域中，许多电子商务网站分析消费者过去的交易情况和他们对不同商品的喜好，进而利用链接预测技术来向用户推荐可能会购买的商品。用这样的促销手段可以增加现有客户的黏性，还能吸引更多新客户。在社交网络领域中，通过链接预测算法可以将那些很有可能是好友但是还未结交的人，以及兴趣爱好相同、可能感兴趣的人推荐给在线的用户。如果预测的结果足够精准，可以提高该网站在用户心中的地位，保证用户对该网站的参与度。在学术网络中，也可以通过链接预测来向学者推荐相关的学术论文以及可能的合作者。

　　事实上，要实现以上这些链接预测，需要针对不同的网络提出有效的算法。近年来，学者提出了大量的链接预测算法，主要包括基于节点相似度的算法（两个节点领域的拓扑结构越相似，它们之间越有可能被同一条边所连接）、基于机器学习的算法（此算法首先提取网络的拓扑结构信息作为特征，然后利用适当的模型迭代训练得到链接预测的结果）、基于矩阵运算的算法（将链接预测问题转换为矩阵运算问题）和基于概率模型的算法（此算法合并顶点和边的属性以建模一组实体和它们链接的联合概率分布）等。这些算法使用基于特征分析的方法进行预测，在静态网络中的应用已经进行了很多创新并取得了成果。然而在真实世界中，网络会随着时间的推移不断进行演变，进而导致网络信息发生变化，使得现有的链接预测方法性能受到很大影响。此外，网络中的节点并不是每时每刻都在产生新的交互信息，其发生变化的时间是不规律的，即变化发生的时间分布不均匀。而两次变化之间的时间间隔会影响节点的偏好信息，进而对链接预测产生影响。为此，有学者开始针对动态网络链接预测的算法进行优化。

基于动态网络的链接预测

　　现有的链接预测算法中，基于节点相似度的算法最直观、最流行。此类算法认为节点间的相似度越高，将来越有可能会发生连接。基本预测方法是通过公式计算出节点的相似度，相似度越大，则节点间发生连接的可能性越大。为了有效地捕获网络中的动态演化信息，有研究者（韩忠明，李胜男，郑晨烨 等，2020）使用表示学习方法（即赋予节点向量特征，将网络中的节点转化为网络节点表示，这些网络节点表示保存了网络中所包含的信息），通过度量网络节点表示的相似度进行链接预测，并提出了基于动态网络的链接预测模型 DNRLP (dynamic network representation based link prediction)。该模型考虑了网络演化过程中产生新信息的非平均时间间隔问题以及新信息的扩散问题，有效地捕获和学习了网络中的动态信息，并得到了含有节点偏好信息的节点表示。然后通过计算获得节点表示之间的相似度，最终得到链接预测的结果。

为了验证 DNRLP 模型在网络链接预测任务中的性能和有效性，该研究将此模型用于社交网络链接预测分析。例如：（1）由加利福尼亚大学欧文分校的在线学生社区的用户之间的消息通信而组成的网络。网络中的节点表示社区用户，如果用户之间有消息通信，那么用户之间就会有边连接，与每条边相关联的时间表示用户之间的通信时间。（2）2016 年美国民主党全国委员会电子邮件泄漏的电子邮件通信网络。网络中的节点代表人员，边代表人员之间的邮件交互。（3）中文维基百科的通信网络。节点表示中文维基百科的用户，边表示在某一时刻某一用户在另一用户的对话页上发送了一条消息。

研究者通过实验对比了基于网络表示学习的链接预测方法和基于机器学习的链接预测方法，结果表示基于网络表示学习的链接预测方法更加有效，从而实现了算法的优化。

DNRLP 模型可以获得动态网络中丰富的信息，能够有效地对新信息进行快速准确的学习，在链接预测任务中表现出了明显的优势。此类方法基于表示学习，设计融入了更多的时序特征信息，但是却不能很好地解释每个时序特征，也没有设计出一种具有可解释性的模型以更好地改进表示学习得到的时序特征。基于此，我们可以提出一些链接预测未来可能的研究方向。

异质动态网络链接预测

异质网络包含了不同类型的节点和边，且不同类的对象均蕴含着丰富的语义信息，需要从多个维度来刻画不同类对象的意义。因此，如何有效地抽取和利用异质网络中不同类对象的多维特征信息，并有效地融合这些信息，以便全面地学习动态网络的时序特征成为一个巨大的挑战。如社交网络中，除了含有用户交互产生的网络结构信息以外，每个用户还具有不同的属性，包括性别、年龄、爱好等。如何将这些信息加入链接预测中，将是一个重要的研究方向。

链接的可预测性问题

为了理解网络组织结构，我们需要估计链接的可预测性，这可以用来提高社交网络链接预测的精度。真实网络的组织结构通常既有规律性，也有非规律性，原则上，规律性是可以建模的。网络规律性的可解释程度决定了它的链接的可预测性。

其他类型算法的优化

目前的链接预测方法，由于基于节点相似度的算法计算简单，研究已经比较深入，但是它只能用在不考虑边和顶点属性的问题上，而其他三种方法均可以用于带有属性特征的网络的链接预测，所以今后的研究还可以结合各自的优势，在基于机器学习、基于矩阵运算和基于概率模型的算法上多多挖掘。

参数更新——以多式联运的物流网络为例

在第二章中我们已经了解了复杂网络的许多参数，随着网络演化模型正在从单层到多层、从静态到动态优化，为了更好地对网络结构进行分析，研究者们不得不引入一些新的参数加以解释。

多式联运网络中新参数的引入

多式联运网络是一个由诸多网络节点、网络连边以及相关外部环境条件所组成的复杂货物运输网络，它将多种单一运输方式和运力资源有机整合，并依靠其高效性、安全性、经济性的货物运输特点，渐渐发展为国际货物贸易的重要途径以及现代综合交通运输体系发展的必然趋势。

当多式联运网络的某个节点由于内在或外在因素干扰而产生风险时，其风险会凭借网络节点间的业务关联关系扩散，从而对其他关联节点产生不利影响，最终有可能对整个多式联运网络造成严重破坏。

为了预防多式联运运营事故的发生，降低多式联运网络风险影响范围和程度，有研究者（雷凯，2016）建立了多式联运网络风险传播模型并提出有效的风险控制措施。在多式联运复杂网络演化过程中，只以节点的度为原则，不同类型节点在多式联运网络中的差别性是无法充分体现的。而对网络节点间连边的权重（即节点之间业务关联的密切程度）进行全面考虑，才能客观和综合反映网络节点的地位。所以，研究者引入了节点强度（q）这个参数来刻画节点在多式联运网络中的重要程度。另外，多式联运网络作为一个开放的系统，在实际的演化过程中，除了要考虑网络节点强度因素外，还应在保障货物运输安全前提下选择与经营管理完善、抗风险能力强的节点进行连接，即要考虑网络节点的风险阈值（θ）。风险阈值反映网络中某个节点的风险抵御能力，同时也说明该节点自身的风险管控水平。

在刻画多式联运网络模型的演化机制时，引入了网络节点强度和节点风险阈值这两个新参数，取代了在 BA 模型中单一以节点度为参数确定概率 P，验证了多式联运网络的无标度特性。

不难看出，新参数的提出为我们分析复杂网络提供了很大的便利。然而，这些参数是针对特定的应用领域研究提出的，那么它们在其他领域是否同样适用？这个问题是值得深究的。以上案例中提到的节点强度，现今在许多加权网络的研究中都已用到，但节点风险阈值这个参数却很少见。我们可以猜想，既然它是反映节点的风险抵御能力的参数，那么它在对电网、计算机网络中节点的风险预测研究中应该也可使用，这可以成为今后研究的一个方向。也就是说，对于新参数的进一步研究，可以落脚在应用的普适性上。

网络结构的完善——以教材知识结构网络为例

在上一节中我们已经了解了教材知识结构是如何从无权无向向加权有向进行优化，进而体现出教材的层次性，并且体现教材内部知识点的主次关系。然而现有的研究方法仍存在不足，这是因为在收集和整理知识点数据时，采用人工的方式从课程中手动抽取知识点存在一些主观倾向，对知识节点的提取和知识关系的统计还不够精确。另外，对教材知识结构的优化也比较主观，还需要进一步完善。

为了改变当前手动方法操作的复杂性以及主观性，我们可以进一步研究基于先进技术的方法，如设计能够自动提取教材知识点及自动建立知识点之间关系的程序。针对教材知识结构优化的主观性问题，我们可以通过深入解读复杂网络的参数数据、获得更多专家的指导和找到更多权威的资料等途径来完善知识节点和知识关系，以实现对教材知识结构的进一步优化。除此之外，当前基于复杂网络理论的教材知识结构研究多是针对物理、化学、生物等单一学科的，可以进一步拓展到跨学科领域。

复杂网络与其他领域的融合发展

除了在建模上的优化以及在技术方面的革新外，复杂网络还展现出与其他一些技术领域融合发展的趋势。

与机器学习的融合发展

以复杂网络技术与机器学习的融合发展为例：机器学习主要是通过收集大量数据给计算机，让其模拟人类的"学习行为"，获取数据特征，进而做出一些判断甚至是类似于人类专家的判断。近年来机器学习和复杂网络逐渐开始融合应用，在社会网络、生物网络等领域，已经有研究人员开始利用机器学习算法进行网络信息挖掘的尝试（李泽荃，杨墅，刘嵘 等，2019）。尽管已得到一定关注并有很好的前景，但此领域内的实际研究目前还较少。目前二者融合的一个重要应用就是链接预测，即通过网络的形式来表征数据，展现出数据之间的关系。在此网络中，一部分节点被标记（已知），而一部分未被标记，可通过一定的算法来预测未被标记的节点。类似的应用在社会网络与生物网络中尤其重要，如2020年初新冠肺炎疫情暴发时，科研人员结合大量数据预测疫情拐点就是上述融合发展的典型案例，对科学防控疾病有重要的意义。但目前链接预测的其他相关研究目前仍然较少。

除了应用于类似上述的人工智能领域，这种融合将对二者的发展也都非常有利。因为复杂网络是以网络的视角来分析数据，找出可以被解释的结果或事物背后的原因，寻找潜藏在数据中的规则；而机器学习主要是研究计算机从给定的数据模型中如何学习的规律，并用这些学习到的东西去进行预测等。二者都在挖掘规律，具有一定共通性，可以互相促进。具体来说，由于真实世界中几乎所有的系统都能用网络的方式来描述，复杂网络理论自然也可以用于机器学习中数据系统的描述。通过网络来表征数据之间的关系，挖掘数据背后的规则，关注这些复杂网络的拓扑结构、关键节点与连边等，可以使机器学习更加精确与高效。反过来，利用机器学习能进一步发展复杂网络。随着大数据时代的到来，我们面临的数据日益庞杂，数据量的急剧增长与网络规模的急速扩张已经是必然的趋势。面对更加复杂的网络，借助一些智能分析工具如机器学习等显然有助于更好地建立模型与挖掘模型中的信息。

与数据挖掘技术的融合应用

除了与机器学习融合的链接预测外，复杂网络与其他领域的融合也展现出较好的发展前景。如复杂网络和数据挖掘技术融合可以为中医药领域的发展服务。中医药是我国传统文化中的宝库，尽管从长期应用中我们已经获得了海量数据，但还有一些不足制约着它的发展，如药理不明、药物之间的组合搭配禁忌还不能确定等。为了利用好已有的中医药数据，数据挖掘技术已经被广泛地使用。例如，对海量文本进行归类、关联分析等，促使知识聚类与信息结构化。但是单纯的数据挖掘仅重视统计性，关注单纯的数据点而没有关注深入关联，比较偏向表面化。（吕庆莉，2016）加之中医药领域本身就非常注重系统性与整体性，且具有一定复杂性，大量数据具有异质性，来源多样，定性描述较多而定量描述偏少，有很多应用随着时代的发展也发生了改变等，这使得单纯利用数据挖掘无法很好满足中医药发展的需求。如果能结合复杂网络理论与技术，或将较好地弥补这个不足。具体来说，面临海量数据，先用已较广泛使用的数据挖掘进行预处理，即进行数据归类等，得到满足条件的数据。首先对处方内容进行分析，依据一定特征进行选择、过滤等分类之后，再用复杂网络理论建构该领域内网络，从系统内部对节点间的相互作用进行描述。例如，数据挖掘完成后我们尝试去构建中药－方剂网络：首先将某种方剂中的中药抽象为节点，根据是否在同一方剂中确定节点之间是否存在边关联，再将不同方剂整合入此网络，抽象出的复杂网络可以确定不同药剂之间的关联性以及是否可以搭配等。如此，构建出的网络不仅具有较大的规模而且具有系统性，克服了原本关注表面性的缺点。也可以依此构建其他网络，对相似处方进行聚类分析，通过节点相似性提取常用药或者发现配伍禁忌等。

领域拓展和自身发展展望

此外，复杂网络从未停止进行领域的拓展。从研究兴起至今，它从最初的数学和物理领域一步步发展到生物学神经网络与社会网络等领域。通过前面几章我们可以感受到复杂网络会在更多的领域中得到应用，成为我们研究真实世界的有力工具。但随着复杂网络外部应用的不断发展，它自身也要不断进行修正，如它的统计度量指标在未来可能会依据机器学习等智能分析手段发生一定的变化；随着度量数据日益复杂，对网络进行分析的平台应该要进一步开发优化。目前已有的数据库仍然较为理论化，有些脱离了现实世界的复杂性。研究者也将在对网络的利用与保护方面进行更多的思考，这些都是复杂网络的潜在发展方向。

21 世纪会是复杂性科学的世纪，我们已经掌握了复杂网络的基本法则，但复杂网络还存在许多未知领域等待着我们去探索，我们应不断拓展求新，在复杂网络技术的支持下展现更为神奇和绚丽的世界。

参考文献

巴拉巴西，2013.链接：商业、科学与生活的新思维 [M].十周年纪念版.沈华伟，译.杭州：浙江人民出版社.

蔡春梅，2013.复杂网络与城市交通网络复杂性研究 [J].软件导刊 (4)：14-16.

蔡洁，贾浩源，王珂，2020.基于 SEIR 模型对武汉市新型冠状病毒肺炎疫情发展趋势预测 [J].山东医药 (6)：1-4.

蔡泽祥，王星华，任晓娜，2012.复杂网络理论及其在电力系统中的应用研究综述 [J].电网技术 (11)：114-121.

陈可佳，陈利明，吴桐，2020.多层网络社区发现研究综述 [J].计算机科学与探索 (11)：1801-1821.

陈宇，韩定乐，李林美，等.2018.基于知识网络的中美初中物理教科书比较：以"声与光"为例 [J].物理教学探讨 (6)：25-27.

董靖巍，2016.基于复杂网络的网络舆情动态演进影响机制研究 [D].哈尔滨：哈尔滨工业大学.

段志生，2008.图论与复杂网络 [J].力学进展 (6)：702-712.

范如国，王奕博，罗明，等，2020.基于 SEIR 的新型肺炎传播模型及拐点预测分析 [J].电子科技大学学报 (3) :369-374.

方锦清，2016. 从单一网络向《网络的网络》的转变进程：略论多层次超网络模型的探索与挑战 [J]. 复杂系统与复杂性科学 (1)：40-47.

郭世泽，陆哲明，2012. 复杂网络基础理论 [M]. 北京：科学出版社.

郭优，卢海洋，曹铷，等，2015. 基于加权网络的教科书知识结构分析：以韩国高一《科学》教材为例 [J]. 延边大学学报（自然科学版）(1)：74-78.

韩忠明，李胜男，郑晨烨，等，2020. 基于动态网络表示的链接预测 [J]. 物理学报 (16)：332-345.

郜舒竹，2009. 欧拉究竟是怎样解决"七桥问题"的 [J]. 数学通报 (7)：56-58.

金珍，李小玲，2019. "慕课"背景下协作学习网络的构建与分析 [J]. 科学技术创新 (35)：73-74.

雷凯，2016. 多式联运网络风险传播与控制策略研究 [D]. 北京：北京交通大学.

李丹丹，马静，2016. 复杂社会网络上的谣言传播模型研究综述 [J]. 情报理论与实践 (12)：130-134.

李金华，2009. 网络研究三部曲：图论、社会网络分析与复杂网络理论 [J]. 华南师范大学学报（社会科学版）(2)：136-138.

李靖，李聪，李翔，2019. 人类时效交互网络的建模与传播研究综述 [J]. 复杂系统与复杂性科学 (3)：1-21.

李树彬，吴建军，高自友，等，2011. 基于复杂网络的交通拥堵与传播动力学分析 [J]. 物理学报 (5)：146-154.

李泽荃，杨曌，刘嵘，等，2019. 复杂网络与机器学习融合的研究进展 [J]. 计算机应用与软件 (4)：10-28，62.

梁云真，赵呈领，阮玉娇，等，2016.网络学习空间中交互行为的实证研究：基于社会网络分析的视角 [J].中国电化教育 (7)：22-28.

刘芳，2011.基于复杂网络理论的金融体系系统风险成因及治理 [J].特区经济 (12)：91-93.

刘建香，2009.复杂网络及其在国内研究进展的综述 [J].系统科学学报 (4)：31-37.

刘景霞，2019.基于复杂网络的《教育技术学》课程知识网络构建与分析 [D].昆明：云南师范大学 .

刘涛，陈忠，陈晓荣，2005.复杂网络理论及其应用研究概述 [J].系统工程 (6)：1-7.

吕庆莉，2016.数据挖掘与复杂网络的融合及其在中医药领域应用 [J].中医药 (8)：1430-1436.

石大龙，白雪梅，2015.网络结构、危机传染与系统性风险 [J].财经问题研究 (4)：31-39.

孙逸明，2018.化学教科书知识点网络结构特征研究 [D].上海：华东师范大学 .

汪小帆，李翔，陈关荣，2006.复杂网络理论及其应用 [M].北京：清华大学出版社 .

徐涵，张庆，2020.复杂网络上传播动力学模型研究综述 [J].情报科学 (10):159-167.

郑悦，陈宇，崔雪梅，2019.中美初中物理教科书"电与磁"内容结构的比较研究 [J].内蒙古师范大学学报（教育科学版）(3)：105-109.

徐晓，张清，张玉来，等，2014.论复杂网络理论在教育技术领域的应用 [J].宁波大学学报（教育科学版）(6)：89-93.

杨茂云，陈倩宇，王改革，2018.基于复杂网络的班级关系分析 [J].电脑知识与技术 (26)：26-27，31.

张超，祝智庭，2009. 在线学习者异步交互的拓扑结构研究：一种基于复杂网络模型的分析 [J]. 电化教育研究 (2)：59-63.

张鹏，赵动员，梅蕾，2020. 移动社交网络信息传播研究述评与展望 [J]. 情报科学 (2)：170-176.

赵月，2009. 复杂交通网络拥堵特性及控制方法研究 [D]. 成都：西南交通大学 .

周涛，刘权辉，杨紫陌，等，2020. 新型冠状病毒肺炎基本再生数的初步预测 [J]. 中国循证医学杂志 (3)：359-364.

Busher H, Hodgkinson K, 1996. Co-operation and tension between autonomous schools: a study of inter-school networking [J]. Educational Review (1): 55-64.

Huang C, Wang S, Su J, et al., 2018. A social network analysis of changes in China's education policy information transmission system (1978-2013) [J]. Higher Education Policy (3): 323-345.

Daley D J, Kendall D G, 1965. Stochastic rumours [J]. IMA Journal of Applied Mathematics (1): 42-55.

Granovetter M, 1973. The strength of weak ties [J]. American Journal of Sociology (6): 1360-1380.

Preston R A, 2015. The curriculum prerequisite network: modeling the curriculum as a complex system [J]. Biochemistry and Molecular Biology Education (3): 168-180.

Shih B-J, Shih J-L, Chen R L, 2007. Organizing learning materials through hierarchical topic maps: an illustration through Chinese herb medication [J]. Journal of Computer Assisted Learning (6): 477-490.

Watts D J, Strogatz S H, 1998. Collective dynamics of 'small-world' networks [J]. Nature (6684): 440-442.